湛庐CHEERS

与最聪明的人共同进化

HERE COMES EVERYBODY

How to Win in a Winner-Take-All World

[美] 尼尔 · 欧文 Neil Irwin —— 著
傅婧瑛 ———————————— 译

步步争先

浙江教育出版社 · 杭州

职业管理的新经济学

在《华盛顿邮报》开启人生第一份工作时，我还是个刚从大学毕业的22岁年轻人。当时，我的工作职责是报道本地企业，但更准确地说，我只是漫长流水线上的一个工人。

当我完成一篇文章，比如写完“电子现金公司出售2 000万美元资产”这种标题枯燥的400字文章后，这篇文章会按照每天重复几百遍的标准发布流程按部就班地发表。首先，编辑会修改原稿，以提高稿件质量。随后，文章会被送到另一位编辑手上，由他审核文章是否符合报纸的“拜占庭式”[①]死板要求。当文章中提到任何公司名称时，我都必须写出其依法注册时的全名，还得标注公司的总部所在地。接下来，几个编辑会再次审核文章，审核结束后再将文章交给印前部门。说实话，我到现在也不完全理解印前部门在出版流程中的作用。完成上述流程后，文章被印刷，印好的报纸被打包成小包裹放进卡车，最终由不同的司机送到华盛顿都市圈成千上万的读者家门口。

① 原本指一种欧式建筑风格，其主要特点为有鲜明突出的大圆顶，这里用来指一些陈旧的规范。——编者注

在那个年代，人们的职业生涯通常是线性的。如果记者做得好，他可能升任编辑，管理几个人；接着升任更高级别的编辑，管理更多人。我的很多同事多年来干着同样的工作，有些人甚至干了几十年。而那些有野心的人知道怎么用好自己的野心。

即便没能在《华盛顿邮报》或者我的现东家《纽约时报》找到工作，那也没什么大不了的，因为其他大城市的报纸也能提供相似的职业机会和收入。纸媒技术创造了本地性垄断，使得任何规模的城市都至少存在一家拥有高利润、能够提供大量好工作的报纸机构。从职业角度考虑，《费城问询报》（*The Philadelphia Inquirer*）、《巴尔的摩太阳报》（*The Baltimore Sun*）和《纽约时报》或《华盛顿邮报》间并不存在显著差距。

那时的我不知道，整个行业的经济环境即将发生改变，并会对像我一样试图在其中打拼的人产生巨大影响。如今，拜访《华盛顿邮报》或者《纽约时报》编辑部时，你不会再看到记者们在长长的流水线上为报纸输送文章，而是看到拥有多种能力的人组成的团队，他们不仅生产报纸，还会制作一系列其他产品，比如让人欲罢不能的播客（podcast，数字广播的一种）、适用于移动端的应用软件，还有沉浸式的 VR（虚拟现实）体验产品等。

如你所想，这彻底颠覆了媒体行业过去的成功标准。当一个行业的基础不断变化，且最高质量的工作由技能迥异的人员组成的团队（这个团队可能包括软件工程师、图形设计师、数据技术专家、视频编辑和记者）完成时，一个人需要做什么才能确保留任的标准不再像过去那样明确，做什么才能升职这一问题就更复杂了。

无论从工作数量还是从收入待遇角度看，出版行业少数顶尖职位都已经与较低等级的职位拉开了差距。在数字媒体行业中，只有少数拥有最优产品和技术的公司可以触及世界各地的读者，而本地的垄断性纸媒风光不再。因此，想以调查记者或者驻外记者身份维持中上阶层生活，只有为《纽约时报》、《华盛顿邮报》或《华尔街日报》这些少数具有全球影响力的报纸工作才有这样的机会，第二梯队媒体的员工处境越发艰难。

过去那种被大媒体聘用后在几十年里做几乎同一份工作的旧模式彻底消失了。那些选择长期为一家媒体工作的人开始对工作策略及方式做出调整，没能做出调整的人大概率将面临被裁员的困境。

出于各种原因，我不得不密切关注行业的变化。但越与其他行业的人交流，我就越能发现，其实各行各业寻求丰厚收入及职业上升的人都在面临同样的挑战，比如数字技术引发的商业模式再造、少数成功“超级明星”公司的崛起，以及对忠诚概念及员工－雇主关系理解的急速转变。

在制造业与零售业、银行界与法律界、医疗服务与教育领域，以及软件行业和其他科技领域的各个角落，判定高质量完成工作和成功职业生涯的标准变化之快，已经超过了大多数人的理解能力。这让职场变得更加可怕，尤其是步入职业生涯中期的人们，他们突然发现父辈的建议（如早到、努力工作、提高并完善技能）已无法满足当今的需求。

同样重要的是，这些改变为那些具有战略意识、懂得改变方法的人带来了优势，而且是显著优势。

幸存者密码

当年我加入《华盛顿邮报》时的大多数同事如今早已离开新闻行业，其中很多人沦为互联网颠覆新闻行业时裁员浪潮、收购浪潮的受害者。

但也有人取得了过去几十年普通记者难以想象的巨大成功，也许你听过其中一些人的名字。当我还是个年轻的商业记者时，迈克·艾伦（Mike Allen）和吉姆·范德海（Jim VandeHei）是驻白宫记者，他们的工作是参加新闻发布会，如实报道听到的消息。2007 年，他们出人意料地创办了政治新闻网站 Politico，又在 10 年后推出了另一个网站 Axios，两个网站均成为数字时代重塑媒体行业的先锋。我刚当记者时，迈克尔·巴巴罗（Michael Barbaro）也是《华盛顿邮报》商业版的年轻记者。如今，他已经是《纽约时报》人气播客“每日新闻”（The Daily）的总编辑和主持人。巴巴罗协助开创了一种全新的讲故事形式，帮助数百万人更好地了解了世界。卡拉·斯威舍（Kara Swisher）在我加入《华盛顿邮报》前就离开了那里，她不仅在《华尔街日报》成为我们这个时代最优秀的科技记者，而且创立了科技新闻网站 Recode。作为一名创新者，她打造了以现场直播为基础的媒体商业模式。

除这些知名人士外，我们还能在银幕后找到数百个职业生涯在数字时代蓬勃发展的人，他们做的都是年轻时的我无法想象的工作。过去，文字编辑的工作相对死板，他们改正错别字，按照报纸的样式规则修改文章；传统的文字编辑以脾气暴躁、性格内向闻名。而如今优秀的文字编辑就是优秀的数字战略家，他们为每篇文章想出不同的包装方法，想办法提高文章的点击量；他们选择可视化内容，预测什么样的网址更有可能被搜索引擎选中，并且打磨社交媒体文案，与记者、平面设计师及其他人合作，设计最有吸引力的标题。

对那些成功实现转型的人来说，现在无疑是最好的时代。在不断变动、富有创意、具有创业精神的团队里工作，显然要比在流水线上工作有趣得多。

之所以写这本书，是因为我的职业为我提供了独特的机会，让我得以了解那些让人们在如今的经济环境下茁壮发展的技能。我的目标，或者说我的使命，就是为读者提炼出在这个时代几乎所有主流行业都能获得高绩效、高回报的职场人所共有的技能、习惯及态度。

如果你在 21 世纪初问我哪位同事会在两年后成为行业领袖，我大概会说出一些能力很强的记者或编辑的名字，以及那些非常敬业的人；但一些愤世嫉俗的人的答案可能是那些会巴结老板的人。

准确地说，这三个答案都不算错。能力特别强、工作特别努力，或是特别擅长办公室政治，这些因素当然都能帮助你拥有长久的职业生涯。但到目前为止，我所在的行业区分赢家和输家的最重要因素，在于其是愿意将数字时代引发的急剧变化及其固有的流动性特点看作机遇，还是视作威胁而退缩。赢家往往能察觉到出现在整个行业表面之下的变化，愿意付出时间和精力思考如何利用这些变化，而输家只想着打卡下班；赢家会研究行业不断变化的经济环境，而输家只是等待大潮退去。

也许我能预测迈克·艾伦和吉姆·范德海会成为成功的企业家，但我并不知道纸媒的物理局限性导致艾伦无法迅速与读者分享他所了解的信息，也不知道突破这些局限的过程为他带来了多少烦恼。我无法想象迈克尔·巴巴罗的声音成为很多人早上起床后听到的第一个声音，但我知道他多么渴望创造一种全新的叙事形式，即便这样的创造力在过去那个时代有可能受到打压。卡拉·斯威舍极其好胜，她总能拿到独家的科技新闻，然而那时的我还不知道，她已经在思考如何用自己的能力赚钱了。

这些人开始改变时，年龄都不算大，也都不算特别资深。曾几何时，只有最资深的高管才需要担心本书提到的高层经济变动。但在过去 10 年中，我们发现中低级别的员工也需要培养理解行业经济形势变动、理解世界整体经济形势的能力。

幸运的是，理解行业经济形势变动、将自己摆在能够利用变动的位置上，这种能力并不需要与生俱来。只要你愿意，这是一种能够通过学习获得的能力。

如何让自己变得不可替代

无论身在传统公司、科技巨头还是尖端创业公司，无论处于职业生涯的初期、中期还是末期，本书都能为致力进取、希冀丰厚回报的人提供帮助。在写作本书的过程中，我吸收了众多学者、咨询师和其他人的工作成果，他们从大量数据资源中寻找有用信息以理解相关趋势，这些工作成果均在本书中得到体现。此外，我还从众多公司找到了很多管理层人士，了解他们对以下问题做出的回答，从而获得更多有价值的信息。

1. 如果一个充满野心的人现在想在你的公司拥有一段成功的职业生涯，他需要做些什么？
2. 我能见一见取得这种成功的人吗？

记者工作让我接触到了一些全球知名的公司，如微软、高盛、通用电气和沃尔玛。我也拜访过一些小型公司，从电影《猩球崛起》、Shake Shack 汉堡、沃尔沃无人驾驶汽车、金宾波本威士忌等产品的创造者那里获益良多。我游历世界各地，将人们的故事和答案写在本书中。

在当下，关于如何为职业生涯做好充分准备，人们有过激烈争论。答案取决于你的询问对象，他们可能是大学选择 STEM（科学、技术、工程和数学的跨学科教育方式）专业的人，可能是参加培训成为一流程序员的人，也可能是接受自由派艺术教育、接触大量不同专业信息的人。然而，我不断发现，重要的是培养自身的适应能力，培养自己学习有难度的新事物的能力。那些能在不断变动的经济环境中拥有长久职业生涯的人，他们与失败者的区别就在于当主流编程语言发生变化或者旧的营销方法不再奏效时能够及时做出改变和调整。

读者如何获得这种超能力?

我在本书的前 3 章中讲述了如何成为最受当代雇主重视，并获得最高回报的专业人士。我反复听到一种说法：局限于过于狭隘的角色，成为只有单一技能的高技术专家，是巨大的错误。首先，在今天还很重要的东西也许到了明天就变得无关紧要，所以在面对新事物时需要适应能力和调整能力。其次，现代极端复杂的机构构成确实要求人们具备出色的综合能力，同时也需要能够理解不同业务部门如何合作的能力。机构需要能与技术背景完全不同的人进行合作的人才，由这样的人组成的团队才能创造出比各部分简单相加更优秀的产品。

我发现成为这种人才的最佳方式，就是在职业生涯初期积极寻求接触不同专业的机会，跨越专业界限。我会在书中介绍在这方面取得成功的人的故事。

第 4 章和第 5 章介绍的是我们从大数据及管理经济学中吸取的经验教训。事实上，雇主们利用海量数据了解人们工作方式（公司盈利方式）的这一全新能力，出人意料地为我们研究在数据驱动的变化环境中如何成为成功的员工提供了路线图，但前提是你得知道这个路线图怎么用。如果你能理解最有效管理方式的最新例证，你就更有可能找到能帮助自己学习及成长的优秀经理人，并最终让自己也成为这样的经理人。

第 6 章到第 9 章提供了一些时代背景的介绍，以帮助读者了解重塑现代工作环境的四大经济形势变动，即赢家通吃效应的出现、与有形资本相比信息的重要性逐渐提高、雇主与员工之间忠诚关系的终结，以及合同与其他非传统雇佣关系更大范围的普及。

掌握了这些信息，你就能大幅提高自己拥有漫长且圆满的职业生涯的概率（更准确地说，是一系列职业生涯）。你将会充满信心地接受并利用改变，而不会恐惧或抗拒改变。

当然，人生的目标并不是只拥有圆满的职业生涯，而应该是拥有圆满的人生。幸运的是，为我们带来圆满职业生涯的技能将帮助我们获得圆满的人生。

理解风向与潮流，扬帆起航

驾船起航时，你可以控制一些因素，如操控风帆或掌舵；但有些因素是你无法控制的，如风向和潮流。因此，想要抵达目的地，理解风向与潮流便成了重中之重。优秀的水手会随时调整可控因素，根据风向和潮流等不可控因素的变化做出智慧的应变。

在职业问题上，我们可以决定自己申请什么样的工作，可以决定自己接受的培训和教育，也可以在发现适合自己的工作时主动出手。可我们的运气在很大程度上受到大经济环境变动及技术发展的影响，这些因素也几乎在重塑所有行业。本书就是帮助人们理解这些风向与潮流的指南。

我们不应该抱有征服风向与潮流的幻想，但可以获得理解风向与潮流并让它们为自己所用的自信。无论如何，对水手来说，强风巨浪固然可怕，但能带来最大的乐趣。

如何利用本书

21 世纪的经济环境越来越适合技术先进的大型、复杂的公司。本书的目标就是帮助读者了解这个现状。

最有可能在这种环境下取得成功的，是那些将数字时代商业的流动性看作机会的人，他们认真、谨慎地研究着各自行业的新经济学。志向远大的基层和中层员工需要了解在过去只有高管人员需要了解的商业运行机制。

只要有正确的心态，每个人都能培养这种能力。我们完全可以培养适应能力和自我改造能力，比如在大学时期或职业生涯早期这些低风险阶段推动自己进入全新专业领域。

本书的目标，是帮助具有远大志向的人像水手了解风向和潮流那样，在如今不断变动的经济环境中不断发展自己的职业生涯。

你有足够的职场竞争力吗?

扫码鉴别正版图书
获取您的专属福利

扫码获取全部测试题及答案
看看你有足够的职场
竞争力吗

- 以下竞争力更强的是:( )
  A. 达拉,编程能力一流,与市场营销人员的沟通仅限于市场需要什么功能的软件
  B. 黛布拉,杰出的市场营销人员,但她的编程知识为 0
  C. 达米安,产品经理,并拥有一些足够让他理解技术问题的软件开发经验
  D. 戴夫,技术能力和市场营销欠缺,但会撰写会议安排、玩弄办公室政治

- 以下 4 位员工,谁更有可能进入决策层?( )
  A. 在财务部工作了 5 年的主管
  B. 在技术部门工作了 6 年的程序员
  C. 担任公司中层管理岗超过 5 年,但从未调岗过的经理
  D. 分别在财务、市场营销、运营部和战略部都轮岗过,且都留下过不错业绩的普通员工

- 以下哪种不属于成长型思维?( )
  A. 从小专注于同一种运动,如始终只训练棒球,或始终只训练足球
  B. 职业生涯发展过程中,强化已经有足够深度的知识的同时,拓宽知识面
  C. 在自身的弱点上多下功夫,而不是继续强化已经很强的能力
  D. 不只关注晋升机会,更关注工作经历的多样化

扫描左侧二维码查看本书更多测试题

目 录

第三部分
和时代同频

HOW
TO
WIN
IN A WINNER-TAKE-ALL
WORLD

第一部分

优秀职场人必备三大素质

HOW TO WIN

IN A WINNER-TAKE-ALL WORLD

第 1 章

成为魅力型连接者

打造全新工作与职业的力量，不论是信息经济、赢家通吃效应、全球化，还是非传统雇佣关系的转变等，都正在极大地破坏原有的电影产业。与此同时，在远离光鲜的好莱坞首映礼和颁奖典礼的地方，不同技术专业的人正在辛勤工作。从这个角度看，电影产业就是商业世界的一个缩影。这意味着，所有人都可以从那些在电影产业中成功开辟出一片天地的人身上学到些什么。这也是我飞行长达一万多公里去新西兰惠灵顿拜访一些人的原因。

我从一个身材瘦削但结实的，名叫马尔科·雷维兰（Marco Revelant）的意大利人那里得到了最有说服力的回答。你可能知道他，他就是“金刚”这一著名电影角色的后期制作人。

星期三早上和我见面时，雷维兰戴着无框眼镜，穿着灰色帽衫，胡子拉碴的，看上去已经两三天没刮胡子了。我们在一栋低矮建筑的会议室里见的面，这里是一个游客下车点，所有游客都会在走下大巴后目瞪口呆地看着“指环王”三部曲的拍摄道具。

雷维兰在帕多瓦（Padua）这座意大利北部的城市长大，20 世纪 90 年代，他选择学习法律，但他更喜欢打游戏。作为爱好，雷维兰开始用电脑制作三维图像。他在一家建筑设计事务所找到了工作，帮助建筑师将纸质图纸扫描进电脑，并用设计软件辅助设计。业余时间，他自学如何用电脑为视频制作数字图像，还用积蓄购买了相关软件。没过多久，雷维兰就将爱好变成了职业。他接受了米兰一家公司的邀请，开始为电视广告制作图像。尽管这份工作并不光鲜，雷维兰也只是在一家小公司做低预算的项目，但他在这里第一次了解到如何制作 3D 效果的广告片。他不仅了解到怎么制作数字图像，还对剧本、演员、真人实拍和音频技术有了了解。当然，雷维兰的注意力不再局限于凭借艺术天赋和电脑软件制作图像，而是开始了解如何将以上所说的不同部分融合在一起。“那是家小公司，”他对我说，“所以你什么事都得做，你得是复合型人才。”

当雷维兰接到一份工作邀请，可以在一部大制作电影里尽情施展自己的能力时，他兴奋极了，即便这意味着他必须搬到地球的另一端居住。他与一家名叫维塔数码（Weta Digital）的公司签订了 9 个月的劳务合同，参与“指环王”系列第三部电影的制作。15 年后，他仍在这家公司工作，这也是那天早上我坐在他对面的原因。在一个技术与经济形势不断变化的行业中，他究竟如何做到始终站在金字塔尖？

复杂的时代与追求完美的“毛发”

1933 年，雷电华电影公司（Radio Pictures）首次推出名为《金刚》的电影。这部电影在技术上堪称奇迹，让观众如痴如醉。电影中的金刚实际上由铝制骨架和兔子皮毛制成，采用定格动画方式拍摄。参与制作这部电影的工作人员总计 113 名，包括摄像师、化妆师，还有 21 人专门负责视觉效果。[①]

---

① 这一章里出现的制作团队人数数据，是由互联网电影数据库（IMDb）上每部电影的剧组人数，减去演员和特技演员的数量后得到的每部电影镜头外工作人员的总数。1933 版电影中，包括特效和视觉效果团队的总人数是 21 人。

1976 年，电影制作人迪诺・德・劳伦提斯（Dino De Laurentiis）拍摄了全新的《金刚》电影。片中用当时新建成的世贸中心取代了帝国大厦。在这个版本中，金刚在某些镜头中是一个穿着大猩猩服装的 25 岁特技演员；在另一些镜头中，又是一个由液压控制、外部用马鬃装饰的 12 米高的巨型机器人。尽管与 40 年前相比，制作成本和视觉效果的复杂程度都大幅提高，电影制作团队的规模却和 1933 版保持一致——只有 113 人。

2005 年，轮到彼得・杰克逊（Peter Jackson）了。他选择回到 20 世纪 30 年代，让电影情节中的高潮发生地点回归帝国大厦。金刚由英国演员安迪・瑟金斯（Andy Serkis）扮演，他并没有穿任何金刚的戏服，金刚的镜头全都由动态捕捉设备完成。这套设备捕捉了瑟金斯极为丰富的面部表情和言行举止，通过位于惠灵顿郊区米拉马尔（Miramar）的一个服务器中心的数字设备，最终转变为镜头里的金刚。

2005 年版《金刚》制作团队的人数不少于 1 659 人，其中不少工作种类与早先版本相同，如服装设计和木工，但更多的种类是极为陌生的，如“数据控制员”和“立体合成员”等。

制作一部沉浸式、视觉效果惊人且充满神奇生物的电影，工作人员数量是过去的 15 倍，这绝非无足轻重的小趣闻，而是世界经济运行方式发生根本性转变的又一证据，这一事实也会对人们如何管理自己的职业生涯产生深刻影响。

首先，当 1933 版《金刚》问世时，电影市场规模还相对较小。只有美国和少数国家的少数人能看到电影，而且必须前往电影院观看。如今，地球上几乎所有国家，约几十亿人，随时可以去电影院看电影。全球的中产阶级，也就是可以享受电影服务的人数量暴增。即使不想去电影院，他们也可以用家里的电视机甚至手机观看电影。全世界潜在电影观众数量有了指数级的增长。

其次，在每年推出的几百部电影中，票房大卖的只是少数。在 2017 年美国院线上映的 289 部电影中，5 部电影就分走了 19% 的全球累计票房。最卖座的 50 部电影占据了总票房的 80%，而排名后 200 部电影的票房只占总票房的 6%。① 拍摄一部电影需要提前支出大量成本，随后还需要一部分资金用于发行。这种经济现实意味着，只要能让电影成为少数在全球大卖的热门电影，哪怕增加更多的数据控制员或立体合成员，一切花销都是值得的，因为回报是巨大的。②

最后，数字技术的发展让过去几年还不为人知的工作方式变成了现实。1976 版《金刚》不得不让特技演员穿上猩猩服装，同时制作一个高达 12 米的液压机器人，因为他们只能用这样的方法制作出让人信服的巨型猩猩。现代电影中制作 3 秒数字渲染场景所需的计算机技术，放在不久以前，是花钱都买不到的。此外，类似电子邮件、云储存和视频会议这样的技术，使位于世界各大洲的团队可以用不久前人们还无法想象的方式轻松沟通。

这些事实有时让人觉得现在是属于独立创业者，或者说“孤狼”的最

---

① 票房数据来自作者对 BoxOfficeMojo.com 网站上数据的分析。其中仅包括在美国上映的电影。如果该电影在本土取得成功，其在美国也有一定曝光，由此可以合理推测出票房情况。比如，《战狼 2》在美国取得 270 万美元票房，在中国则取得了惊人的 8.54 亿美元票房。

② 这种赢家通吃的机制可以解释一个悖论：不管难度如何，制作电影的成本已降到历史最低，但大片的制作预算不断创下新高。如今，制作电影的门槛变低了——数码照相机加上人手可得的编辑软件，使任何人都可制作电影，而且越来越多的电影制作扩展到世界范围。这导致电影只有拥有强大的财力和艺术支持，才能获得最惊人的视觉效果、最有魅力的演员和娱乐性最强的剧本，才能脱颖而出。

好时代。不管怎么说，创业是一个能让人感到兴奋的概念。好比几个年轻人在车库里创立一家公司，依靠自己的力量创立下一个苹果或者谷歌，如果用电影比喻的话，就是一群拿着数码摄像机的电影学院学生，梦想成为下一个史蒂芬·斯皮尔伯格或彼得·杰克逊。但数据不会说谎。如今这个时代，管理高效、技术先进的大型公司在市场上取得了前所未有的成功。不管外界怎么说，数字技术将所有人拉回了同一起跑线，比如能让车库里的创业者或拿着数码摄像机的电影制作人留下印记，可现实却在向另一个方向发展。

那些能够进入全球市场、获得几十亿票房的电影，几乎都要依赖类似维塔数码公司提供的复杂电脑数字效果。除参与“指环王”系列外，维塔数码公司还参与制作了2005版《金刚》、广受好评的《阿凡达》和2017年完结的“猩球崛起”三部曲。想要理解这一切对雷维兰的职业生涯产生了怎样的影响，就要首先明白，数字效果已经成为现代大制作电影的基本组成部分。

对于诸如《阿凡达》或《猩球崛起3：终极之战》这些特效场面居多的电影，我们很自然地以为电影拍摄者的工作就像画家画画一样。实际上，这些电影的制作者堪称在屏幕上打造了一个完整的宇宙空间，尽可能逼真地从细节上进行三维还原，在技术允许的范围内最大限度地模仿现实世界。比如，在2005版《金刚》中，屏幕上一闪而过的20世纪30年代曼哈顿城市景观并非由画家用写实手法画下的城市画像，而是由电影工作者搭建的一个细致到每一栋建筑的全3D城市模型。首先，维塔数码的艺术家利用旧照片手工制作了天际线中最显眼的建筑的3D模型，他们把这样的建筑称为“英雄建筑”。接着，他们开发了一款名为“城市机器人”（CityBot）的定制软件，将不那么显眼的建筑以合适的高度及风格安插进城市的各个街区，各个建筑的具体风格由软件设计。因此，彼得·杰克逊既可以从任何角度进行拍摄，又能确保背景的逼真性。通过一个街区一个街区地建造城市，维塔数码的工作人员相当于为杰克逊提供了一台时光机。

过去 30 年，视觉效果进步的关键点体现在尽量渲染、强化细节，从而使观众沉浸在电影中（对这些艺术家最戳到痛处的批评，就是说一个场景让人感到出戏，或者看起来很假）。搭建环境与设计角色时，设计师会运用物理学、生物学及解剖学的知识。举个例子，《猩球崛起 3：终极之战》里的森林，就是通过模拟森林生长 100 年后的样子做成的，在这段模拟中，不同类型的植物在生长过程中需要争夺阳光，也会死亡、腐败。和艺术家创造的在不同地方放置树和灌木的虚拟森林相比，这种通过模拟形式生成的森林更为逼真。2014 年的电影《霍比特人：五军之战》中，有一个战斗场景，数千名模拟士兵由人工智能控制，人工智能会通过士兵周围发生的情况指示他们做出反应。作为观众，你不会注意每个“士兵”具体在做什么，但这种数字场景比上千名士兵齐步走更能逼真地表现混乱的战争场面。在维塔数码公司里，有很多花费多年时间研究猩猩身体构造、雨水掉落物理形态或者煤气爆炸化学反应的人。

如果要在电脑中创造生物，正确还原细节就非常重要。在 20 世纪 90 年代初电影制作进入新的阶段时，图像艺术家乔·莱特里（Joe Letteri）就是这个行业的一员。史蒂芬·斯皮尔伯格当时决定，《侏罗纪公园》将是第一部使用 3D 数字设计渲染技术制造恐龙形象的主流电影，至少所有远景都要使用 3D 数字技术（近景使用模型）。可是，即便创造数字恐龙，也要从骨架开始搭建。在如今的电影中，人们对动物解剖学细节的追求已达到极为复杂的程度。莱特里后来成为维塔数码的主管，在制作“猩球崛起”三部曲时，他表示：“我们不希望你们认为那是一个人穿着猩猩服装，因此我们试着解决如何让猩猩看起来更真实的一切问题。是什么让毛发纤维看上去像毛发？这个毛发纤维怎么移动？怎么和身体连在一起？光线怎么反射，或者怎么穿透毛发？牙齿、嘴唇和牙龈是怎么连在一起的？”

当雷维兰进入维塔数码参与“指环王”系列第三部的制作时，他的任务是给恐怖的反派人物——“戒灵”安格玛增加细节。后来，他又接到了一个“羽毛”任务，准确地说，是为解救主人公的巨型鹰设计羽毛。而他的工作之始，就是研究一只只有骨头、肌肉和皮肤的“全裸”鸟。雷维兰说：“看上去就像星期天饭桌上的那只鸡。”他所在的团队需要保证在鹰身上的正确位置有着数量正确的羽毛，他们需要正确地“养育”这只鹰，好让它在多个角度拍摄下仍然显得真实。一个镜头通常持续 2 ～ 3 秒，是视觉效果工作最基本的组成单位；而在视觉效果比重大的电影中，相关镜头可能会有几千个。完成这项工作后，雷维兰又被指派参加维塔数码下一部大作——《金刚》。在某种程度上，他的职位得到了晋升——从设计羽毛变成了设计皮毛。他的工作是确保制作成本超过 2 亿美元的电影的主角，能够符合观众对神秘巨型大猩猩的想象。

拍摄这版《金刚》需要 1 659 人的部分原因在于，制作令人信服的 3D 视觉效果需要大量连续互补性技能。一边是纯粹的艺术家，设想出电影场景与视觉效果，有些人甚至还保留着手绘场景的习惯；另一边则是越来越多的纯粹的技术人员，负责编写程序代码，利用先进的数学模型将艺术创意转变为真实的电影。处于中间的则是包括雷维兰这种模型设计师在内的一群人，这些人横跨两个领域，既有艺术视野又具备技术背景。一个 2 秒长的镜头，可能需要十多个人将各自的技能结合在一起才能实现。无论是负责灯光、布景、解剖结构的工作人员还是制作皮毛的模型师，都必须通力合作，才能完成一个镜头，最终完成一部优秀的电影。

雷维兰工作如此出色的原因，也是他获得信任、负责金刚皮毛的原因，他既理解艺术家的视角又懂技术，比其他人更擅长将两者结合在一起，从而发挥更大作用。金刚的毛发（总计 1 000 万根，以牦牛毛为原型）不仅要满足艺术需要，也要符合技术要求，而雷维兰是少数几个有能力指导不同类型人才合作从而实现目标的人。尽管本身没有多少软件编程经验，但雷维兰能够发现问题，懂得如何和程序员沟通，而不像其他模型师，总是要求程序员做出看似能轻松编写的程序，但实际上这些程序要么对计算机的处理能力有着极高的要求，要么会消耗过多时间和编程资源。

“从程序员的角度理解问题是很有意思的事，因为你会对自己想要解决的问题产生完全不同的想法，”雷维兰说，“我发现很多需求方会对程序员说，‘我想移动这一帧，做这个’。但他们真正想要的其实不是那个结果。他们想给出解决方案，但不会提炼问题，无法理解大局。”

雷维兰与程序员合作设计了一个程序，他们给这个程序起名“毛发”，这个程序能让模型师控制一根“导向毛发”的方向，而这根“导向毛发”可以控制周围数千根毛发的运动。利用这个程序，他们可以控制各组毛发，比如让这一块沾满泥土，让那一块显得稀疏凌乱等，每组毛发都必须在数百个有金刚的镜头里进行手动调整。这是劳动密集型工作，持续了大约一年时间，雷维兰的女儿出生于电影拍摄过程中，他为此只请了一天假。当终于完成这些工作后，维塔数码的员工虽然倍感自豪，但发现了一个问题：未来肯定会有更多涉及毛发场景的电影，如果要制作的电影有多个需要数字渲染的角色，那他们的程序就过于笨拙了，因为这需要付出太多人力。

“我对其中一个程序员说：‘你觉得有可能修饰毛发吗？比如去控制每根毛发的曲线？你能直接控制几百万根毛发吗？’”也就是说，比起控制

“导向毛发”，能不能写出一个程序，让艺术家在电脑屏幕上使用工具就能梳理、摆放、修饰、弄乱或者用其他方式控制虚拟角色的毛发，就像现实中的发型师处理演员的头发一样，其中的部分挑战在于如何跳出改善旧程序的思维局限，重新设计一款能够高效创作且使毛发具有真实感的程序。维塔数码开始设计，并给这个程序起了个合适的名字——“理发店”。雷维兰成为两组技术专家的中间人，这两组截然不同的人通常不知道如何进行有效沟通。但在那时，完成重要工作的唯一方式就是高效合作。“问题在于，很多程序员不知道怎么‘梳理毛发’，他们需要其他人明确告诉他们用程序做什么。可有时候，善于‘梳理毛发’的人很难用程序员能理解的语言解释他们的需求。”雷维兰表示。当美容师及其他有模型设计背景的人与程序员交流时，他们的关注点总是集中在细小的特征上，而不会思考解决潜在的根本问题。“人们会觉得，‘我想做这个，所以我会告诉程序员设计什么’，而不会对程序员说，‘我想实现这个目标’，不会和对方一起想出实现目标的最好办法。”

雷维兰理解电影人和艺术家的想法，也能看懂报纸上有关新模型技术的文章。“他不会真的去读代码，”维塔数码软件工程部门主管保罗·塞尔瓦（Paolo Selva）解释道，“但他理解毛发上的弹性杆原理，就算不知道怎么做，他也能理解程序背后的逻辑。这种能力在艺术家中并不常见。如果所有艺术家都能做到这点，和他们交流就轻松多了。”

最初，他们希望用“理发店”处理《丁丁历险记》中小狗“白雪”的毛发。那时，他们完全不知道“理发店”会成为如此紧迫且重要的程序。随着工作的进行，维塔数码接到了电影《猩球崛起》的视觉效果设计工作。这部电影是主流系列电影的第一部，其中大部分主要角色均为虚拟人物，且都带有皮毛：莫里斯是一只聪明的老年红毛猩猩，库巴是一只受尽折磨被暴力对待的倭黑猩猩，还有最重要的猿族领袖——大猩猩凯撒。在“理发店”的帮助下，艺术家们就像使用 Photoshop 修图一样，可以毫不费力地控制莫里斯每一根飘动的橙红色毛发。但与 Photoshop 不同，他们控制的不是二维图像，而是有着数百万根独立毛发的三维图像。这个程序让维塔数码得以在不到一年时间里就制作完成了有十几只猩猩（不像《金刚》里只有一只）的电影。维塔数码依靠这个半成品软件创作出了获得奥斯卡最佳视觉效果奖提名的电影，开启了全球总票房达 17 亿美元的“猩球崛起”三部曲，还创造出凯撒（和他的皮毛）这个在现代电影史上让人难忘的角色形象。[①]“理发店”为雷维兰和他的同事阿拉斯戴尔·库尔（Alasdair Coull）、沙恩·库珀（Shane Cooper）赢得了奥斯卡奖中的一个技术类奖项。而这一切均源自雷维兰拥有与能力各异的人有效沟通、协助其他人向共同目标努力的独特能力。

公司中最有用的人是那些四处走动的人

过去拍电影，即便是大片可能也只需要 100 名员工，导演和制片人或多或少都能理解片场中正在发生的一切。当然，片场也会有很多高度专业化的技师，但他们的工作全在导演的控制下，导演很可能知道他们的名字，即便不能亲自做，也知道每个技师每天都在做什么。

技术复杂且规模大大提高的现代特效电影彻底改变了一切。《猩球崛起》的导演鲁伯特·瓦耶特（Rupert Wyatt）并不知道身处地球另一端的新西兰的程序员叫什么名字，不过正是他们写出的程序让雷维兰的团队能够按

① 雷维兰和搭建“理发店”的团队赢得了美国电影艺术与科学学院（Academy of Motion Picture Arts and Sciences）的一个技术奖项。这类奖项不像奥斯卡奖那样可以走红毯，不过女演员玛格特·罗比（Margot Robbie）为他们颁了奖。

时交出皮毛效果逼真的猩猩角色。显然，瓦耶特也不知道怎么安排程序员的工作。

这类工作的复杂性为像雷维兰一样的人创造了无限的机会，他们可以成为不同技术背景专家之间沟通的桥梁。涉及的人员越多，技术性越强，就越需要雷维兰这样的人，这样才能确保艺术家与技术人员之间的联络与交接。维塔数码首席信息官凯西·格鲁萨斯（Kathy Gruzas）对这种人有一个特定称呼：魅力型连接者。

"我觉得完成如此规模庞大而复杂的工作，唯一的办法就是让很多人花很多时间讨论，商量如何正确完成工作，"格鲁萨斯告诉我，"那些既理解艺术又懂技术的人能在中间做好翻译和沟通，他们能确保一切正常运转，把一方的想法翻译成另一方能听懂的语言，并且把控完成的质量。"想在维塔数码取得成功，一个人不仅需要技术能力，还要具备利用技术能力实现更远大目标的能力。"你会发现，公司中最有用的人是那些四处走动的人，他们熟悉各种流程，知道各部分之间的相互联系。你不能只知道自己的那一小块儿内容。"格鲁萨斯说。

在准备本书的过程中，我拜访过众多公司，关于上述主题，我听过各种版本的回答。由于主导全球经济的公司规模不断扩大、复杂性不断提高，魅力型连接者的价值也在不断提高；只有这样的人，才能让一家公司中工作内容大相径庭的各部门高效合作。

波士顿咨询公司的合伙人伊夫·莫里耶（Yves Morieux）在拜访客户时看到了这一复杂趋势，它尤其体现在有意改善内部组织架构的大型公司中。几年前，莫里耶注意到一种让人不安的趋势。他反复听到尾大不掉的官僚主义为其他人制造麻烦的故事，比如，一家全球制造商在德国分公司的销售部经理，需要同时向德国分公司总裁和全球总销售部总监汇报工作。他用一周时间按照德国分公司总裁的要求准备了一份幻灯片，结果内容遭到了全球总销售部总监的否决，他被要求在周末重写全部内容。莫里耶还记得，她采访过一个在大会议室开商务会议时失声痛哭的美国某银行的中层管理人员，那人讲述了为完成基本工作自己需要经历多么烦琐的审批流程。

对于有在大型的复杂机构工作经验的人来说，这样的故事并不陌生。但人们并不了解出现这种现象的原因，不知道如何解决问题，也不知道如何突破大公司常见的官僚主义障碍来取得成功。

随着类似的对话越来越多，莫里耶意识到，员工不满意的根源实际上是现代商业固有的复杂属性。更准确地说，其根源在于公司为了应对复杂问题而设置的各种流程、组织机构、管理矩阵，以及其他管理机制。曾几何时，德国的销售经理只需要向德国分公司总裁汇报工作，他的唯一任务就是在德国卖出更多产品。但在产品供应链和客户呈现跨国趋势的今天，问题的复杂性显然大大提高。在德国出售的产品，实际上出自波兰、中国和巴西的工厂。而对于一家有着数千个分支机构、资产以数千亿美元计算的银行来说，分支机构的经理人不能仅凭他对贷款人信誉的主观判断就提高贷款总额。这些工作涉及对大量数据的深度分析，涉及风险管理、合规性审查，更涉及高级别的公司战略问题。

在不久前的过去，就像拍摄 1976 版的《金刚》一样，即便规模很大的公司也能在不同部门只埋头处理本部门工作的情况下保持良好的运营。产品工程师开发产品，运营部门的员工生产并发行产品，销售人员负责销售，财务部门负责记账。这些部门之间当然也需要互动，但他们各自拥有明确的目标，可以在各自的等级结构中完成各自的工作。你可以在大公司的任何功能部门拥有一帆风顺的职业生涯，从入门级别的工人开始，一路做到执行副总裁或者更高级别的高管。

但在如今的商业环境中，上述功能部门，以及其他更多部门之间出现了交错与重合。成为优秀的产品工程师，需要对客户需求有着深刻的理解，不能只依靠销售和市场营销部门解决问题。财务与运营的结合更为紧密：能否成功管理库存水平和供应链将决定一家公司的成败。这个道理适用于任何功能部门，不论是市场营销、信息技术、人力资源、法务、政府关系部门，还是通信部门。在现代机构中，每个部门都只有在从业者能够与其他部门高效合作时才能成功。

莫里耶用接力跑步打比方。接力跑步看上去只是简单的速度比赛，实际上比的是速度与合作。在 2016 年里约热内卢举办的夏季奥运会上，获得男子短跑接力金牌的牙买加队只比获得银牌的日本队快了 0.33 秒，而日本队比拿到铜牌的加拿大队快了仅仅 0.04 秒。在容错率如此微小的竞赛中，影响比赛成绩的一大因素在于传递交接棒的能力。当然，我们可以计算 4 名运动员各自的跑动时间，但只凭借这个时间，我们无法断定某个运动员究竟是帮助还是妨碍了整个团队的成功。在这个问题上，你需要依靠难以定量的主观判断去确定一个运动员与队友的合作能力，了解他们能否完成最高效的交接棒传递。

“在一家公司里，我们可以在年终衡量一个人的生产能力和工作成果，”莫里耶说，“但这属于个体效力，就像测量每个运动员的跑动时间一样。在世界级比赛中，真正的差别在于传递交接棒的能力，而不仅仅取决于单个人能否跑得更快。”

在个人专业领域中表现出众当然很重要，但在现代机构中，真正有价值的是能否无缝衔接工作。一个能成功管理不同专业人士的人，价值远高于只考虑单一专业领域的专家。

高度专业的能力固然重要，但能与不同专业人士合作的能力同样重要。运动员不可能因为只会传递交接棒就入选奥运代表队，但与此相对，一个运动员即便跑步速度极快，可如果总是在交接棒上失误，那也不会起很大作用。

莫里耶表示，强调责任、关注结果的管理方式会在本已复杂的环境中形成难以被打破的恶性循环，“更多矩阵、更多积分卡、更多规则、更多流程和工作职责描述呈指数级增长，对工作环境中的灵活度、速度和满意度造成了伤害。”任何人都能把一群拥有不同技术背景的人召集在一个有着白板的会议室里，但只有当这些人能够互相交流并理解，能够将不同的背景与技术应用于同一问题的解决上时，他们才能克服困难，推出高质量的创意、产品和解决方案。

魅力型连接者为何要有系统思维

听到凯西·格鲁萨斯谈起魅力型连接者如何拍出现代电影，以及莫里耶用接力跑步比喻现代复杂机构时，我突然想起，这与我在通用电气这家在商业史上具有标志性地位的公司得到的经验教训几乎如出一辙。

2017 年，我拜访通用电气时，公司正处于困难时期。公司在能源行业的赌博结果让人失望，最终导致公司 CEO 杰夫·伊梅尔特（Jeff Immelt）丢掉了工作。14 个月后，伊梅尔特的继任者约翰·弗兰纳里（John Flannery）也被解雇。为了精简机构，当时通用电气考虑出售部分业务。

在通用电气重组过程中，我觉得最能说明问题的是用人类型——想在21世纪的通用电气拥有未来的人到底需要什么类型的技能。

正如我在2017年拜访时公司人力资源部高级副总裁苏珊·彼得斯（Susan Peters）所说的那样，如今想在通用电气获得成功，需要付出的努力与几年前截然不同。“设计师不能只靠设计程序完成工作，他们需要在团队中设计。不论是工程部门还是供应链，一切都以全新方式建立起联系，”她表示，“不理解制造流程，你就无法完成设计。接下来还要了解市场营销和产品部的人会强调什么，怎么卖产品，产品的成本是多少，定价多少，以及如何提供后续服务。我觉得过去我们习惯在互相隔绝的状态下各做各的，但世界变化得太快了，这种状态已经成为过去。”

从本质上说，不管处于公司中的哪个部门，人们都需要了解自己的专业在整体业务中的适配度。流水线上的工人需要了解过去只有高级别经理才需要考虑的各部门间的相互关系。“有些人天生适合需要展现领导能力的舞台，可即便是害羞、只想做好设计工作的工程师，也需要学会与人互动，学会谈论自己的产品。而这变得异常重要，因为再也不能只靠一个人完成一份工作了，”彼得斯说，“没有哪种工作能在人们相互隔离的状态下完成。”尽管没有使用那个特定的词，但她实际上就是在称赞魅力型连接者，称赞这些能将公司不同部门连接在一起的人。

为了在实践中观察，我去了通用电气的一个部门，它位于辛辛那提市以北20分钟车程的一座巨大建筑中，这个部门是整个通用电气创新能力最强、盈利能力最强的部门。自20世纪40年代喷气式发动机诞生以来，通用电气就在生产这种发动机。大多数波音飞机和众多空客飞机的发动机都是由这家公司提供的。如果你曾经乘坐过宽体客机，那么它有很大可能使用的就是通用电气生产的发动机。

2005 年，乔西・穆克（Josh Mook）加入通用电气。进入公司的最初几年，穆克沉迷于发动机的各个细节。“我摸过喷气式发动机的几乎所有零件，极度关注机械设计，”他说，“涡轮机翼型，也就是为飞机提供动力的叶片，我在这方面投入了大量时间。”2011 年，穆克获得了重大擢升，成为设计燃料喷嘴团队的主管。虽说听起来不像多大的“官儿”，但只有核桃大小的燃料喷嘴是喷气式发动机上极为重要的组成部分，即便只做小小改进，提高燃料喷射效率，也能在发动机使用寿命内节省价值数百万美元的燃料；相反，如果燃料喷嘴出现堵塞或者其他导致发动机故障的问题，则有可能带来灾难性的后果。

也就是在那段时间里，穆克和其他工程师开始使用新技术对零件设计进行测试。那是被称为“添加剂”（additive）的 3D 打印制造技术，使用这项技术的机器不再对现有金属模块塑形，而是利用金属粉精确地进行喷涂。2011 年，这种机器不仅造价高，而且打印速度极慢，只适合在研究环境中使用。工程师设计完一个新零件后，可以先用“添加剂”技术制造出一个零件，在不同温度、压力等环境中进行测试，测试成功后再用传统方式批量制造。

穆克和他的同事意识到，“添加剂”技术的作用绝不限于测试，大部分喷气式发动机零件的制造都受限于生产技术。举个例子，制造技术限制了燃料喷射管道的大小，而这直接决定了一个燃料喷嘴需要用多少零件才能制成。可如果用“添加剂”技术制造燃料喷嘴，就不存在这些限制。燃料喷射管道可以被制造成任何合适的物理形状。实际上，由“添加剂”机器制造零件不仅能提高航空燃料使用效率，同时还能让零件变得更轻、更结实耐用。

在喷气式发动机行业，想做出这样的改变并不容易。除了要说服上司外，穆克还要说服对此抱有怀疑态度的整个工程专家组，让他们明白这个方法能够制造出具有极高安全性和可靠性的喷气式发动机零件。于是，在2011年的一个星期六，他和几个团队成员带着500多页解释技术问题的资料，于早上8点来到了公司副总裁的办公室，准备接受名为“设计审核”的严格质询流程。没人为他们提供早餐，迎接他们的只有高难度的提问。

“坦白地说，那就是场战争，”穆克说，“我们的提案遭到了极强烈地抵制。所有人都认为我们的方法没用，他们只会觉得这个方法违反了他们的设计规则，这项技术还不成熟。他们说的都没错，这项技术确实不成熟，也确实违反了和燃烧系统及燃料喷嘴有关的设计规则，而这些设计规则是制度学习的基础。实际上我就是基于对制度学习手册的了解才说我不想用这套东西，不想用这些记录在册、传了一代又一代的规则。坐飞机时，我知道自己乘坐的飞机的发动机有着100年的制造历史，这当然会让人安心。因此，我们面对的挑战更大，因为我们不能忽视那些规则。我们得证明为什么不应该适用这些规则。”

8小时后，当穆克离开会议室时，尽管他知道还有很多技术问题需要解决，但他充满信心，认为自己能为所有挑战找到解决方案。当我和他在2017年秋天交流时，在旁边的房间里，一名戴着防尘面罩的技师正在将钛粉倒入一个机器，而这个机器制造出的零件最终将应用于飞机制造。经过改善的设计软件，加上3D打印技术的发展，加快了设计测试能力的发展。10年前，从一个新的设计理念发展到可测试的零件可能需要两年时间；如今，这个时间缩短到几星期，甚至几天。比如燃料喷嘴，通用电气的工程师可以在修改设计后打印出一个样品，带着样品前往测试场获取真实数据，以确定设计修改能否达到预期效果。“过去决定生产一个产品前，经过两次迭代就算运气很好了，”穆克表示，“现在我们可能有 250 次迭代。你想想，250 次迭代我能做出多少改善。”

这与成为魅力型连接者有什么关系？不久前，类似穆克这样的工程师可能需要花费多年时间研究一个小小的螺栓，甚至把整个职业生涯都投入在这个螺栓上。他不需要与最终生产产品的制造部门进行太多互动，也不需要与负责市场营销和商业战略的人打交道，他们的工作是确定具体产品与通用电气整体战略的适配度；他当然更不需要面对客户，那是销售部的工作。可正是因为穆克不仅了解产品工程学，同时也理解制造工艺和商业战略，他的团队才能意识到，“添加剂”技术对提高整个流程的效率具有重大意义。

“在传统模式中，工程师就是专家，”穆克说，“他们深入各自的专业领域，他们可能是热传导、空气动力或者压力和使用寿命方面的专家。我们还有负责整体系统设计的人，这些人属于设计师，他们需要考虑整个体系。而现在，工程师需要有能力做以上所有工作。我们对员工的能力要求，从具有一项极强的专业能力变成拥有系统性思维方式。他们非常重视客户需求，了解产品的使用方式，以及如何保养等问题……我们团队里的每个工程师都为自己负责的项目设计过一份完整的商业计划，其内容包括我们可以把这个产品卖给谁，成本是多少，时机是否合适，怎么做营销，如何获取市场份额和营收等。”

没有人期望整日忙于涡轮机叶片或燃料喷嘴的航空工程师能成为专业

的产品经理、营销总监或销售人员。显然，通用电气还有很多产品经理、营销总监和销售人员。可就像维塔数码的模型师和程序员需要明确自身工作是否符合一部电影的创作需求一样，通用电气的工程师也需要了解商业现实。

无论是美国中西部的飞机工程师，还是新西兰的电影工作者，想在主导现代经济的复杂的高技术创新公司中取得成功，就需要成为魅力型连接者，将拥有不同技术能力、不断变化的团队及其他人连接在一起。

至少这是我的观点，直到我在谷歌上搜索“魅力型连接者”时，我才发现这个说法在一家颇为成功、结构颇为复杂、拥有高技术创新的公司眼中具有贬义。这家公司，正是谷歌。

别做“过渡”工作的人

埃里克·施密特（Eric Schmidt）2001 年加入谷歌，当时的谷歌还只是一家获得风投的新兴公司，尚不具备现在的规模。施密特属于“职业”CEO，他在网威（Novell）和太阳计算机系统公司（Sun Microsystems）积累了大量经验。施密特的工作，就是帮助创始人拉里·佩奇（Larry Page）和谢尔盖·布林（Sergey Brin）进一步发展壮大谷歌。

“在网威工作时，我注意到那里有很多魅力型连接者，”施密特 2015 年在斯坦福大学演讲时这样说道，“这些魅力型连接者都非常优秀，他们在不同团队间活动，配合其他人的工作，他们非常忠诚，很受其他人的喜爱。但事实却是，你不需要他们，他们只会拖慢速度。”施密特表示，当他发现谷歌聘用了太多魅力型连接者后，他开始和佩奇、布林一起审核所有可能聘用的候选人。施密特说，“所有看上去像魅力型连接者的人”都没有被聘用。

这与我在世界各地的创新型公司听到的说法不符，于是我找到那时在谷歌担任人力资源高级副总裁的拉兹罗·博克（Laszlo Bock），试图理解其中的逻辑。

“其实就是，如果其他人都在做各自的工作，就不需要做中间过渡工作的人，”博克说，“最典型的例子就是办公室主任这种类型的职位。”事实上，谷歌高层担心的是管理者可能会阻碍创新和新产品设计。“早期我们担忧这些职位有碍公司发展。一旦开始设立这些仅为了弥补周围人不足的职位，这类工作就会在公司内不断自我复制。”

其实，和博克交流下来，我发现谷歌高管力图避免的并非魅力型连接者，他们试图消除的是“过渡型工作”——也就是单纯管理流程和行政机构的工作。这些工作既不能创造产品，也不能销售产品，更不能推动商业发展。问题并不在于候选人的职业背景或能力，而在于职位本身在公司架构中的位置。

那么，维塔数码和通用电气里优秀的魅力型连接者，与施密特尽力阻止谷歌聘用的、只关心行政流程的官僚主义魅力型连接者，究竟有着怎样的区别？针对这个问题，我追问了维塔数码的格鲁萨斯。

“我觉得问题在于‘缺少技能’和‘缺乏独立生产能力’，”她在邮件中这样写道，“问题在于他们把各种阻碍连接在一起，而不是团结所有力量向一个方向前进。我也遇到过这种问题，雇用过我认为似乎是‘聪明的有创意的’魅力型员工，结果发现他们更像是‘网威式魅力型员工’，缺乏主动性，毫无动力，几乎不能提供价值。你得放弃这种人，他们会拖慢进程……这听起来就像网威当初的问题，在公司架构中发现了‘枯木’。我说的魅力型连接者和这些人不一样，你一眼就能看到他们的闪光点，魅力型连接者不是那种会使你质疑他们如何得到这份工作的人。”

格鲁萨斯的回答点出了职场人如今做职业生涯管理时面临的一个基本风险。在现今世界，最大的成功存在于不同形式的专业能力的交汇处。成功的魅力型连接者与老话所说的“万事通，无一通”究竟有什么区别？

这个问题的答案可以在经济学家的著作中找到，也可以在《纽约客》著名专栏作家 A.J. 利布林（A. J. Liebling）的一句话中找到：“我可以比任何写得更好的人写得更快，也可以比任何写得更快的人写得更好。”

优秀的魅力型连接者是帕累托最优型员工

成为优秀的魅力型连接者，也就是成为在主导现代经济的公司中受到高度重视的员工，方式其实很多。比如，培养高精技术专家的沟通交流能力和商业战略能力，从而使他们可以与没有高精技术的人通力合作。再比如，处于两个或更多专业技术领域交汇点的人，交给他们的全部工作就是推动不同团队实现同一目标。

我们把一系列可能看作一个连续体，画出一条研究过经济学的人都熟悉的线，如图 1-1 所示。

在 21 世纪进行职业生涯管理，我们有必要从意大利经济学家、哲学家和社会学家维尔弗雷多·帕累托（Vilfredo Pareto）那里寻求帮助。1923 年去世的帕累托相当顽固，而且对他认为智商不如自己的人（几乎所有人）态度非常恶劣。尽管帕累托身上有众多缺点，但他留下了一系列重要理论，在他去世近 100 年后仍然适用。其中一个理论就是“帕累托最优”。这是一种状态，描述的是在不导致一方面恶化的前提下，你无法对另一方面做出改善。帕累托最优最初用于描述稀缺物资在社会中的分配状态。当一个人获得更多意味着另一个人获得更少时，这种经济形式就达到了帕累托最优状态。如果一个人在社会中赚得更多的代价是其他人赚得更少，那么社会就从帕累托曲线上的一点移动到了另一点。但如果一个社会提高自身生产潜力，让一个人赚得更多时使其他人的收获与过去相同或者也得到提高，这就是帕累托改进，即整条曲线发生变动，而不只是个体从曲线上的一点移动到另一点。整条曲线出现变动才是我们希望看到的结果。

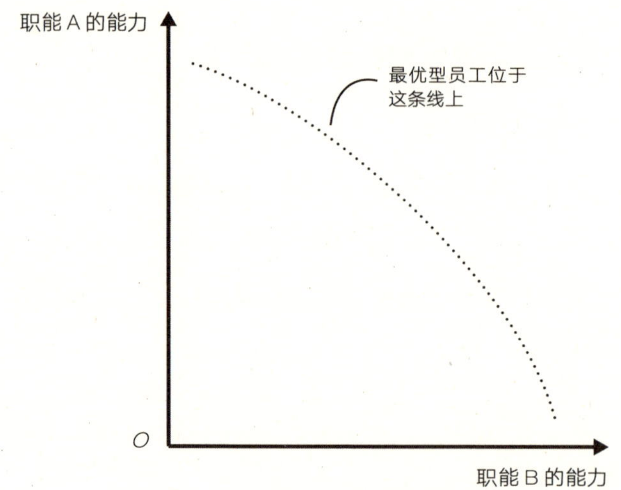

图 1-1　帕累托最优型员工的形成方式

与此同时，帕累托最优曲线下方的状态，意味着社会功能某种程度的欠缺，那些本可以用于提高生活质量的资源遭到了忽视。我们当然不想进入这种状态。

这个道理同样适用于确定哪种员工对现代经济环境中的超级明星公司最有价值。资深专业人员当然有发展空间，但他们必须拿出高质量的工作成果。维塔数码和通用电气的案例表明，在公司架构中，越来越多的机会出现在帕累托曲线的中段，也就是魅力型连接者的所在区域。优秀的魅力型连接者因为能将不同专业的人连接在一起而具有极高价值，但前提是他们必须位于帕累托最优曲线上，而且本身具有强大的专业能力。

举个例子，假设一家公司生产并销售软件，它需要程序员和产品经理来制造产品，也需要具备商业思维的营销人员来销售产品。公司里有 4 名员工，他们在帕累托曲线上的位置如图 1-2 所示。

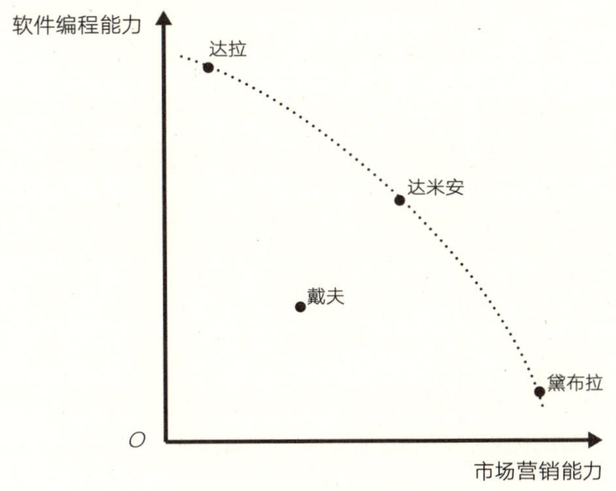

图 1-2　不同职业技能的人在帕累托曲线上的位置

达拉是个明星程序员，编程是她对团队的主要贡献，她能和市场营销人员沟通，但仅限于了解自己需要为软件增加什么功能。黛布拉则是杰出的市场营销人员，她对代码一窍不通，但能跟达拉进行有效沟通，可以解释客户的要求。达米安是产品经理，他有一些软件开发经验，尽管达不到达拉的水平，但足够使他理解技术问题，知道技术的难易程度，他还拿到了工商管理硕士学位，能够确保产品如期交付、满足客户需求。

这 3 个人拥有不同的专业背景和技术能力，但每个人都属于帕累托最优型员工。就像利布林将写作能力与速度结合在一起那样，这 3 个人要么比了解市场营销的人更懂编程，要么比懂得编程的人更了解市场营销。每个人都是团队的重要成员，未来理应获得大量机会。作为经典的魅力型连接者，达米安就是成功企业进化过程中最有价值的员工的典型代表（如果用更数学化的方式表示，曲线的中间部分应当更为突出）。

剩下一人便是戴夫。戴夫没有足够的技术能力，无法通过市场营销、软件开发或产品管理为公司增加价值。戴夫把很多时间用在了撰写会议安排、玩弄办公室政治上，只为了掩盖能力上的缺陷。他没有提出好的创意与执行方案，反而增加了很多不必要的行政流程和官僚主义作风。戴夫就是施密特在谷歌力图去除的那种魅力型连接者。没人想成为戴夫。

有一类员工完美符合帕累托最优的概念，那就是 T 型员工。T 型员工是麦肯锡咨询公司使用多年的一个术语，并且在知名设计公司 IDEO 的推动下风靡全球。“T”的竖线代表某个专业领域的技能深度，而横线则代表与不同专业部门的合作能力。“T 型员工的能力同时拥有深度和广度。”IDEO 的 CEO 蒂姆·布朗（Tim Brown）① 接受某杂志采访时这样解释道。与 T

① 蒂姆·布朗在他的著作《IDEO，设计改变一切》一书中为追求思考的组织和个人绘制了一幅蓝图，分享了将设计思考这种以创意解决难题的做法带进生活和服务的奇妙之处。这本书的 10 周年纪念版已由湛庐引进，由浙江教育出版社于 2019 年出版。——编者注

型员工形成对比的是 I 型员工，也就是只深入某一专业领域但无法与其他专业的人合作，或者具有出色合作能力但缺乏深度专业能力、无法做出实质贡献的员工。

实际上，T 型员工在帕累托最优曲线上占据了特定位置，也属于魅力型连接者，如图 1–3 所示。

想在现代经济环境中管理好自己的职业生涯，就应致力于成为帕累托最优型员工。尽管单一领域的技术专家仍不乏生存空间（如位于帕累托最优曲线的末端），但在现代经济环境中，他们必须极为优秀才会拥有发展前景。主导现代经济的公司通常需要更多的魅力型连接者，他们在不同技术专业的交汇地带仍然能够做出贡献。

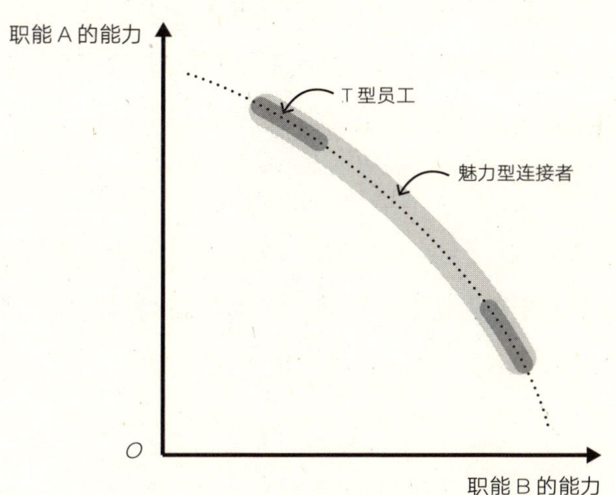

图 1–3　T 型员工在帕累托曲线上的位置

这就为我们带来了一个大问题：如何才能让自己变成这样的人？而这就是后续章节要讨论的问题。

如何成为魅力型连接者

在现代经济环境中占据统治地位的公司，和过去相比，规模变得极为庞大，结构也变得极为复杂，拥有数量更多的员工和更先进的技术。

这意味着，任何人都不可能深入了解这些公司的每一个部分，这就加大了团队合作的难度。

这种改变表明，能够连接不同专业的人将变得极有价值。你希望成为人们口中的“魅力型连接者”，因为这样的人能够帮助团队高效合作。

成为魅力型连接者的第一步，就是理解自己的职能如何融入公司的大局。确保自己理解公司的赚钱方式，了解自身及兄弟部门的工作如何帮助公司赚钱。

世界上当然也存在糟糕的魅力型连接者，他们多余的官僚主义作风扰乱了流程，无法真正推动工作取得进展。你当然不希望成为这样的魅力型连接者。

优秀的魅力型连接者与糟糕的魅力型连接者之间究竟有什么区别？优秀的魅力型连接者是帕累托最优型员工。从不在某一方面做出牺牲的人就不可能提高与工作有关的能力。

公司需要处于帕累托曲线中段的人才，这些人在两三个专业范围内都拥有相对出色的能力，他们一般都是总经理。公司也需要深入了解某个专业领域、对其他专业只有浅显接触的人，但这些人在各自的专业领域必须拥有极其优秀的能力。

对读者来说，如果位于帕累托最优曲线的下方该怎么办？关键点在于，不论是提高自身专业能力，还是拓展个人能力到第二或第三个专业领域，你都需要找到进入曲线的最快方式。

HOW TO WIN

IN A WINNER-TAKE-ALL WORLD

第 2 章 打造最有价值的专业能力组合

成为帕累托最优型员工，想办法理解现代公司中不同组成部分如何交叉，尽力让不同团队更好地合作，获取不同专业能力从而有能力与公司中的不同团队自如地交流，这个想法当然再好不过。可描述出行动框架并不能回答两个重要问题，而这两个问题的答案对一个人能否成为那些主导21世纪经济发展的公司最迫切需要并愿意给予最丰厚回报的员工来说至关重要。

第一个问题：你所在的行业最看重什么样的专业能力组合？第二个问题：如何管理自身职业生涯选择，确保自己获得以上能力组合？

用前沿公司的要求了解未来的工作需求

20世纪90年代末，年轻的咨询师马特·西格尔曼（Matt Sigelman）刚从大学毕业不久，在一家有志于开拓印度市场的美国银行找到了工作，这家银行尤其希望将更系统、更量化的方式引入消费信贷领域。那时的印度银行判断贷款的标准极为主观，负责贷款的工作人员前往潜在借款人的家里拜访，以对方家里的地毯质量、房屋大小，以及家庭雇用了几个仆人为依据决定是否批准贷款。此外，个人偏见也在很大程度上影响着他们的决定。“我花了不少时间采访保证人，他们说的话非常直白，”西格尔曼表示，“他们会说：‘那家伙是个律师，我绝不会借钱给他，因为以后他可能会起诉我。’”

西格尔曼的努力没取得什么成绩，后来他离开那家银行去读了商学院。学习将混乱、无结构的信息转化为可计算、可理解、可分析的内容的经历，给他带来了不少启发。

几年后，西格尔曼和一个合伙人收购了伯尼格雷斯技术公司（Burning Glass Technologies），该公司的主要业务是利用高科技帮助其他公司做出更好的招聘决策。在西格尔曼开始深入研究经理人招聘及雇用流程时，他发现，即便是那些有着专业化运营管理的大型公司，也与印度银行发放贷款时的做法存在相似点。有些招聘标准看起来很合理，如候选人上的什么学校、之前在哪里工作等。但有时，有些人只是因为和负责招聘的经理人存在某些联系而取代了更优秀的候选人被聘用，有些人则因和他们不存在某些联系而不被聘用。

伯尼格雷斯技术公司当时的主要卖点，就是一个能够帮助客户整理、分析求职申请的软件。不过西格尔曼想知道，为什么不能转变思路，试着分析雇主正在努力填补哪些职位，以此帮助求职者、大学及其他教育培训机构培养出更能满足现代经济需要的劳动力？现有的与工作及收入相关的数据非常笼统，只有平均收入水平、空缺职位总数这样的数据。西格尔曼看到了深度挖掘这些数据的价值所在。

于是，从 2007 年开始，在能够俯瞰波士顿湾的一间办公室里，伯尼格雷斯技术公司开始收集他们所能找到的一切招聘信息，包括主流营利性招聘网站、个别雇主在网上发布的招聘信息、商业集团的出版物等。到 2017 年，公司的电脑每天可以抓取 5 万个网站的信息，获取数百万个职位空缺信息，并将描述职位的直白文字转化为结构化的数据，如某个职位需要的特定技能、经验和涉及的工资信息。公司也会追踪招聘信息的发布时长，从而合理地推算出某个公司填补某个职位空缺的难易程度。在这段时间里，伯尼格雷斯技术公司积累了数亿条招聘信息，并将其整理成为可供搜索及编组的形式。这些工作的结果，就是让伯尼格雷斯技术公司掌握了一份极为详尽的过去 10 年的美国求职市场地图，而且这份地图还在不断增加新的信息。西格尔曼肯定，通过观察雇主对技能的需求，并且了解雇主需要或者不需要什么能力，他的公司就能超越所有竞争对手，洞察就业市场。

但在 2014 年，西格尔曼在一个出人意料的职位类别中注意到一个奇特的模式。美国很多学校与教堂或宗教团体之间存在合作，采用“宗教生活导师”的形式对学生的宗教生活进行指导。一般来说，这样的职位很容易填补，神学院毕业生或者人品高尚的虔诚信徒会申请这样的职位。可伯尼格雷斯技术公司的数据显示，填补这些职位空缺所需的时间突然远超平均时间，其原因不明。

“我还记得第一次看到这些数据时自己说的话：‘各位，我们的数据肯定有问题，因为美国绝不缺少宗教学方面的人才。’”西格尔曼说。但深入研究后他们发现，并非寻求宗教职位的人减少了，而是学校对宗教生活导师有了更多新的要求。“大部分职位填补得非常快，不存在延迟，”西格尔曼说，“但就在这个时期，他们正在寻找具备社交媒体技能和数据营销能力的宗教生活导师，也就是真正能向年轻人进行营销的人。可拥有这种技能组合的人不多，这就导致填补这些职位空缺的平均时间延长，看起来好像出现了人才短缺一样。”换句话说，问题不在于对宗教有兴趣的人减少了，而是学习宗教专业的同时也了解数据营销的人才存在短缺。

“我至今记得这件事，因为它令我大开眼界，这件事让我意识到整体数据不一定具有足够的启发性。比如，如果没有培养人们去掌握能够填补职位空缺的技能，那类似‘宗教生活导师这种职位很难填补’的说法就不一定成立。”

西格尔曼意识到，现代劳动力市场中一个越来越重要的趋势，就是不能只关注公司发布的职位名称，还要分析工作内容的具体描述，了解公司在寻找什么样的拥有多元化能力的候选人。就像宗教生活导师一样，很多需求量高的工作不仅发布招聘信息的数量多，而且长期得不到填补。按照西格尔曼的说法，这些都是需要将本质上并不相关的能力组合在一起的工作。通常，公司发布招聘信息时，会强调最难以满足的资格或标准。举个例子，一家制药公司希望招聘律师，大概不会强调有经验的律师通常具备的能力和经验，比如拥有法学学位；相反，他们会强调候选人要具有医药方面的专业知识。这种专业能力在律师中很少见，可要在制药行业做律师，这就是非常基本的能力要求了。

此外，按照经济学常识，拥有多元化能力的人在市场中存在供求不平衡，这个现状推高了这类人才的收入水平。例如，根据伯尼格雷斯技术公司的数据，招聘信息中工程经理的平均年收入为 9.5 万美元，可如果工程经理兼具战略策划经验，薪水就会提高到 12 万美元；供应链及物流经理如果拥有预测工作的经验，他的年收入就会从 7 万美元提高到 8.3 万美元；后勤经理如果具有合同管理经验，他的年收入会从 5.8 万美元提高到 7.2 万美元。按照过去 10 年的数据统计，需求上升幅度最大的职位，都属于前面提到的混合型工作。比如，数据分析师这个 21 世纪初还不存在的职位，如今存在于几乎所有主流公司。[①] 这个职位要求候选人具备计算机编程能力、

① 我们可以为这种变动找出一个证据。在 2000 年全年，“数据科学家”这个说法在 Nexis 的数据库中只出现在 129 篇英语文章中。到了 2017 年，这个说法平均每月会出现在 500 篇或更多的文章中，例如 2017 年 12 月 ITWeb Online 的一篇文章，使用了诸如“2020 年的数据科学家：21 世纪最性感的职业”这样的标题。

统计工作经验，需要理解商业战略，还需要拥有足够出色的沟通能力，可以与非专业的同事进行有效沟通。另一个好的例子是手机应用程序开发人员。“我们发现，和网站开发工程师或软件开发工程师相比，对手机应用程序开发人员的要求可能更高，他们不仅需要具备编程能力，而且更有可能需要具备涉及设计、商业、市场营销三个领域的能力和开发电子商务应用程序的能力，”西格尔曼表示，“这更像是个大杂烩角色，而不是职位名称显示的那么简单。”

换句话说，现代经济环境中需求量最大的员工类型是像达拉、达米安和黛布拉这样的帕累托最优型员工。

但这仍没有回答“如何知道什么样的能力组合可以获得最高回报”和“如何培养这样的能力组合”这两个问题。伯尼格雷斯技术公司的案例发生于 2017 年，等读者读到这本书时，市场可能又出现变动了。尽管一天搜索 5 万个求职网站、聘请大量数据科学家进行分析的做法颇具吸引力，但对个人而言，这种做法不具有现实可行性。[①]好在西格尔曼提供了一个捷径，不仅效果好，而且相对简单。

每个行业都有几家公认的处于科技发展最前沿、最受瞩目的公司。与这样的公司相比，其他公司的调整、适应速度明显较慢。即便在发展较缓的公司工作，紧密关注前沿公司发布的招聘信息也会为你带来收获。前沿公司的要求可以帮助你了解未来的工作需求。你的现东家可能还不知道他们需要一项技能，可如果创新能力强的竞争对手对这项技能存在大量需求，你就需要寻找每一个能够深入了解这项技能的机会。举个例子，伯尼格雷

① 伯尼格雷斯技术公司确实在自家网站 www.burning-glass.com 上发布了一份与混合型工作及相关主题有关的研究，里面加入了更多更新后的信息。

斯技术公司考察了特斯拉和通用汽车发布的机械工程师招聘信息，从表面上看，这两家公司中的一家是高科技创新公司，另一家是传统汽车制造公司。两家公司的招聘信息存在大量相似点，比如两家公司都需要拥有测定和模拟技能的员工。但特斯拉有 54% 的招聘职位要求候选人具有 3D 设计软件 CATIA 的使用经验，19% 的职位要求候选人具备 3D 建模和设计经验。通用汽车就没有太多这方面的要求。这意味着：假如你是汽车行业的机械工程师，而且认为汽车行业的未来更有可能属于特斯拉而非通用汽车（不论特斯拉本身成功与否），那么你拥有 3D 建模技术，尤其会使用 CATIA 软件将会在未来的职业发展中起到重大作用。

最重要的是，根据西格尔曼的数据，想获取资格申请混合型工作，从而拥有最多的机会成为帕累托最优型员工，你就需要具备活跃的思维能力。“正因为求职市场的变动性越来越强，不同种类的能力出现在不同种类的工作上，过去通过标准职业上升路径逐渐获得工作所需技能的想法变得越来越不现实。”西格尔曼解释道。在如今工作变动性更强、更以团队为基础且等级制度更为弱化的环境中，只有帕累托最优型员工最有能力面对未来的挑战。

也就是说，你不应该被动地在小隔间里日复一日完成高质量的工作，那样你只能偶尔获得奖金或升职。相反，不论是浏览前沿公司发布的招聘信息，还是询问行业中最具远见的人的意见，你都应该主动寻找机会，积极为未来做好准备。

这个想法当然没错，但我更想了解将这个想法付诸实践后的状态。就像西格尔曼举出的特斯拉与通用汽车的例子一样，汽车行业是绝佳的研究案例。这就是我在一个灰暗的冬日抵达瑞典哥德堡的原因，我想知道怎样才能把这个宽泛的说法转变为扎实的建议，帮助人们成为一个帕累托最优型员工，拥有行业所需的最佳能力组合。

更多的机遇取决于改变和灵活性

沃尔沃公司在2017年卖出了近60万辆汽车，年营收达到250亿美元，当时该公司拥有 3.8 万名员工，即便是这样的公司，在众人眼中其规模仍不算大，这足以说明全球汽车行业的规模之大。类似大众和丰田这样的全球顶尖的汽车厂商，其规模大约是沃尔沃的 15 倍。可正是相对较小的规模使沃尔沃成为观察汽车行业技术变革对行业职业生涯影响的绝佳场所。汽车曾经只是瑞典工业巨头沃尔沃集团众多业务的一个分支。1999 年，沃尔沃的汽车制造部门被美国汽车巨头福特收购。无法融入福特汽车的整体文化、被冷落多年后，2010 年沃尔沃被出售给李书福创立的中国汽车制造商吉利控股集团。

中国与瑞典的文化差异可能让吉利与沃尔沃的结合看上去不那么协调，但两家公司迄今为止的合作却相当顺利。吉利拥有向全球扩张的野心，为沃尔沃打开了中国市场的大门。同时，吉利也让沃尔沃原有的大部分由瑞典人组成的领导团队负责创新、扩大公司规模。“他们通过信任并支持这个品牌支持了我们，包括帮助我们进入中国市场，”沃尔沃 CEO 哈坎・萨缪尔森（Håkan Samuelsson）告诉我，“以前，我们是瑞典的出口企业。现在，我们是一家真正的全球公司。”沃尔沃正在提高公司在中国和美国的制造能力，他们在美国南卡罗来纳州的查尔斯顿附近拥有一个工厂。

在这个时期，整个汽车行业动荡不安。行业的基础技术出现变化，汽油发动机开始为混合动力及电动发动机让路。人们与汽车的互动方式也处在剧变边缘，无人驾驶汽车几年后就会从幻想变为现实。上述两个变化预示着汽车制造业模式的变革，未来自主拥有汽车的人也许会越来越少，更多的汽车可能会由企业编组为车队，用户利用软件呼叫汽车，汽车不会只停在车主的车库里。多元化竞争已经开始，类似沃尔沃及规模更大的传统汽车制造商不仅要面对特斯拉及其他创业公司的挑战，还要面对如优步及谷歌母公司 Alphabet 这些希望利用软件推动无人驾驶汽车发展的硅谷巨头的挑战。在这个充满变动的时代，假如你是汽车制造商，你很难判断优步究竟是竞争对手还是客户。一方面，优步正在开发属于自己的自动驾驶技术；另一方面，优步又在我拜访沃尔沃前与该公司达成了一份非强制性协议，即当无人驾驶技术发展到可以商业化运营时，优步将会购买 2.4 万辆沃尔沃汽车。2017 年夏天，萨缪尔森发出了一份引人注目的声明。他表示，从 2019 年开始，沃尔沃推出的所有新车均为电动或混合动力汽车。

在这样的商业环境中，沃尔沃急需帕累托最优型领导者，只有这样的人才能理解硬件、软件与基本商业模式交汇领域的各种问题。亨里克·格林（Henrik Green）就是这样的人。2017 年末，格林的头衔只是“研发部门高级副总裁”，但工作经历表明，他处于一个独特的位置，可以帮助沃尔沃在这个充满变动的时代保持竞争力。

格林的家乡位于距离哥德堡北部 1 小时车程的特罗尔海坦市（Trollhatlan），他成长于一个汽车之家。格林的父母均是萨博（Saab）的员工，2012 年宣告破产的萨博曾是瑞典的汽车品牌。20 世纪 90 年代初读大学时，格林面临着艰难选择。一方面，他热爱计算机，喜欢研究计算机技术；但另一方面，他又喜欢机械，喜欢修补汽车发动机带给他的快感。在那个时代，这些领域几乎不可能产生关联。1996 年进入沃尔沃发动机部门后，格林开始了解上述领域的关联性。那段时间，汽车的机械结构逐步实现计算机化。控制转向的方向盘不再与控制前轮的设备连接，而是与计算机连接，后者再将信息传递给控制转向的发动机；油门脚踏板不再控制一个能向发动机输送更多汽油进而加速的阀门，而是将信息传递给能够控制节流阀的计算机。格林处在独特的位置，他既能理解控制上述流程的软件代码，又能理解具体机械原理，他的晋升异常迅速。不过在格林的记忆中，那仍是整体相对简单的时期。“总体上，我们的工作主要还是把新技术应用到现有汽车的基本概念中，”他说，“汽车的构造还是四个轮子、一个方向盘和一个位于汽车前部用于提供动力的内燃机。我们只是用电子技术、软件和先进材料改善汽车的使用体验。”

软件和工程专业是汽车工程中的两个重要组成部分，而格林同时拥有上述两种技术的背景使他在公司迅速晋升。他参与过动力传动系统工程，领导团队解决过如何用软件让发动机更可靠、更节能的问题。福特控股沃尔沃期间，格林在底特律工作了很长时间，了解了大型公司的工作方式；吉利收购沃尔沃后，他又在中国工作了 3 年，协助沃尔沃在中国的扩张。因此，当格林在 2013 年返回瑞典时，他已经有了明确的概念，知道如何将全球业务中的重点环节整合在一起：他既了解机械工程，又懂软件开发，知道如何同时处理技术与商业战略问题，还知道中国、美国和欧洲的商业运营方式。格林拥有利布林式的帕累托最优型职业生涯：他比懂硬件的人更懂软件，比懂软件的人更懂硬件，比了解商业战略的人更了解机械工程，依此类推。

尽管经历丰富，但格林接受的新任务让他过去的工作显得无比简单。“我觉得在 20 世纪 90 年代，几乎所有事情都可以归结到执行层面，”他说，“谁执行能力最强，谁就能拿出最高质量的产品。而现在，更多的机遇取决于改变和灵活性：谁能最快理解新技术的潜力，谁能通过不同的方法得到不同的客户体验等。是否能理解这一变化，并让团队接受这种改变，才是最重要的。”

就像成为帕累托最优型员工对格林的晋升起到重要作用一样，在如今这个不断涌现重大变革的时代，帕累托最优对企业的生存同样具有重要意义。事实上，沃尔沃和其他汽车制造商采用的传统生产方式，让现代汽车安全性能得到极大提升，但如今这却成为汽车厂商提高竞争力的阻碍。仅仅几年前，沃尔沃设立了一支电动车团队，他们与内燃机团队平级，两个团队都希望在各自领域造出最好的动力系统。但公司高管意识到，这种结构形成了错误的激励机制。内燃机发动机团队的人过于执着地试图延长发动机使用寿命，因为这直接决定了他们工作的成败。从本质上说，员工的短期生存本能与公司的长期发展目标产生了矛盾。

格林认定，解决上述问题的关键就是重组团队，以使员工重新将精力集中在基础工程与商业目标上，而不再过于执着地保存某项技术。“我们其实就是把两个团队融合在一起，对他们说，‘不管是燃油发动机还是电动发动机，都由你们来领导汽车动力推进的问题’。这使得员工不会把组织结构上的改变看作生存威胁。”格林表示。当然，这也意味着工程师需要熟悉两种类型的发动机。这样的结构设置说明，任何希望在沃尔沃持续发展的人都必须成为特定种类的帕累托最优型员工。

同样的原理适用于汽车所有零部件的制造。像沃尔沃这样的公司，由不同的团队负责变速排挡、供暖供冷系统和座位调节系统。当汽车行业的商业模式和汽车的基本形式保持稳定时，各个团队当然可以独立完成各自的工作。每个团队都可以在孤立状态下尽可能打造出质量最高的产品，负责温度控制旋钮的团队只需要操心温度控制旋钮即可。可按照汽车行业的发展趋势，越来越多的功能将由触摸屏与声音控制，未来出现全自动驾驶汽车只是早晚问题。也就是说，未来不再存在只需要操心单个旋钮形状和位置的工作。“不会再有125个负责特定功能的团队，不会再有各个团队各说各话，不能说‘消费者会这样使用我的功能’。”格林表示。相反，成功的汽车工程师必须懂得自己负责的微小零件与整台汽车的关系。

“在过去，我们强调一个人要努力成为一个行业的专家，但未来我们需要更多拥有广泛经验，而不是专攻单一专业的人。”格林说，“商业模式的变化非常快，也许明天汽车行业就变成了共享行业。也许我们只需要把硬件寄给订购的客户，由他们自己组装激活，订购时的各种附加选择可以提高汽车的价值。因此，我们需要能够理解消费者需求和商业运行模式的员工，需要同时具备数据分析能力和机械功能技术开发能力的员工。”

这对于希望在汽车行业发展的人来说具有重要影响，事实上，这适用于任何正经历着高度技术变革的复杂行业。想要成功，他们就需要拥有汽车行业多部门的工作经验，不能仅局限于设计、计算机系统或动力传动系统，也需要理解自己的工作与公司基本经济形态的关系。对员工来说，这可能需要阅读与汽车贸易有关的报道或研究分析，紧跟重塑行业的经济潮流；机械工程师可能需要学习编程，以便理解与自己合作的软件工程师的想法；可能员工还需要主动要求暂时调任其他团队，以便全面掌握汽车设计和制造的全貌。

成为汽车行业的帕累托最优型员工意味着不仅要深入某个专业领域，更要在深入特定专业领域的同时理解更广大的系统，了解大局，甚至质疑自己的专业是否有存在的必要。

职位越高，帕累托最优越重要

成为帕累托最优型员工，意味着你会在主导现代经济的公司层级中上上下下。职位越高，帕累托最优越重要。

按照定义，公司最高管理层（C-suite）中CEO、首席运营官等这些位于公司"食物链"顶端的人负责监督其他人的工作，他们既不知道基层员工怎么做具体工作，也无法完全理解基层的工作。但在一个复杂的企业中，位于顶层的人必须熟悉不同部门及其交叉关系。技术创业者、风险投资人马克·安德森（Marc Andreessen）在2007年的一篇博客中写到，有野心的人在商界立足的关键，是"寻找双重、三重或四重威胁"。用他的话说就是，"所有成功的CEO均是如此。他们从来不是最优秀的产品设计师，不是最强的销售人员、市场营销人员、财务人员，甚至不是最好的经理。但他们的这些技能水平都处于团队的前25%，于是，他们有了管理重要事务的资格"。安德森建议，培养通信、管理、销售和财务能力，在国际市场工作，在每个领域都小有成就，这就是"成为CEO的秘密配方"。

一项研究分析了1993—2007年4 500名来自1 500家大公司的CEO的简历，试图对具有单一企业专属化经验和一般管理能力的人做出区分。这份研究获得了怎样的发现？复合人才型CEO比专家型CEO的年收入高出了19%，他们几乎每年都能拿到100万美元的额外奖金。需要应对重组与收购问题、能够适应变化快速的商业环境，或者在面对震荡及困难时有着出色表现的复合人才型CEO的收入最高。在企业形势遭遇困难时，复合人才型CEO显然会主动出击解决问题。

2016年，我与领英合作，分析了专业人士职业生涯中的大量数据，看看能否找出可以让职场人晋升高层的因素。领英在全球范围内选择了45.9

万人，这些人在 1990—2010 年均有在大型管理咨询公司工作的经历。接下来，我们又分析了其中在员工人数超过 200 名的公司成为副总裁、合伙人、进入决策层（如首席财务官或首席信息官）的 6.4 万人。

有些结果完全符合我们的预期。获得 MBA 学位，特别是获得顶尖商学院的 MBA 学位，能够增加一个人进入决策层的机会[①]。特定城市，比如纽约、孟买和新加坡市这样的国际化商业都市似乎比类似圣保罗和马德里这样规模大但国际商务接轨程度小的城市有更多让人们进入管理层的机会。领英的数据显示，员工更换雇主的频率与他们是否能进入决策层不存在任何关联；终身在一家公司工作与每隔几年跳槽的人有着相同的成为高管的概率。

给我留下深刻印象的是另一个强关联：一个人工作过的职能部门越多，他就越有可能进入决策层。每个额外职能，不论是财务、市场营销、运营、战略还是其他，对一个人进入决策层概率的提高都相当于额外 3 年的工作经历；有在 4 个职能部门工作的经历相当于从排名前五的学校获得 MBA 学位。

不久前，领英还研究了获得 5 万种不同技能中的任意技能对一个人在职场后期取得成功有怎样的影响。他们总结出了一个重要经验，有点类似于“高低价策略”[②]，这对还在上学或者刚刚进入职场的人尤其重要。最成功的人拥有强大的基础能力，比如数字分析能力、沟通交流能力等，再配以

---

① 顶级与中等 MBA 学位之间的差别逐渐缩小。在帮助一个人获得顶尖工作时，拿到排名前五学校的 MBA 学位相当于增加了额外 13 年工作经验，而排名靠后的学校仅相当于 5 年“工作经验”。但考虑到取得全日制 MBA 学位只需 2 年，有些人可以边读书边工作，获得中等 MBA 学位似乎也能带来不错的收益。

② 高低价策略又称“吸脂策略”，即产品价格定得较高，尽可能在产品生命周期的初期赚取最大利润。——编者注

较为专业的其他能力，比如熟悉某种编程语言。平庸的人会在生涯早期就把所有精力集中在一个特定专业领域，比如获得某个专业的硕士学位。“我总结出来的主要经验教训，就是不要把精力集中于当时热门或流行的专业，因为你不知道当自己毕业拿到学位时，这个专业还是不是热门的。”领英首席经济分析师盖伊·伯格（Guy Berger）这样表示，“我不是说专业能力没用，但你应该审慎地对待获取这些能力的方式：‘获得这个技能需要多长时间？就算市场几年后不再需要这个技能，我能在这个过程中学到什么帮助我快速适应现实的东西吗？’”

全球领先企业中最为成功的高管均显露出帕累托最优型，这是一个无法否认的现实。谷歌 CEO 桑达尔·皮查伊（Sundar Pichai）拥有斯坦福大学的材料科学硕士学位和宾夕法尼亚大学沃顿商学院的 MBA 学位。他先在麦肯锡咨询公司工作，随后进入谷歌，逐渐晋升至产品经理。Facebook 的首席运营官、《向前一步》（*Lean In*）一书作者谢丽尔·桑德伯格（Sheryl Sandberg）的职业生涯开始于位于华盛顿的世界银行和美国财政部。2001 年加入谷歌后，她一手打造了谷歌的广告业务部门，这个部门恰好处于销售、科技、财务等职能部门的交汇点，桑德伯格甚至还要像在华盛顿时一样处理政策问题（想想联邦贸易委员会的规定，例如如何解决合法性存疑公司的广告等）。她在 2008 年加入 Facebook，开始掌管广告部门，几乎凭一己之力为这个时代盈利能力最强的公司打造了收入模式。

另一个可以说明问题的例子，是关于首席财务官这个任何有一定规模的公司都会设置的高级职位的。我在 2017 年采访比尔·泽雷拉（Bill Zerella）时，他是健康手环公司 Fitbit 的首席财务官。而当本书出版时，他已经加入了自动驾驶汽车创业公司鲁米纳技术公司（Luminar

Technologies)。20 世纪 80 年代，初入职场的泽雷拉在一家技术难度与 Fitbit 天差地别的公司的财务部门工作，这家名为“简单样式”(Simplicity Pattern Company)的公司，主要业务是设计制造缝纫样式。泽雷拉从一个实际 70 多岁，但在年轻人看来至少 90 岁的人手中接过了财务计划与分析的工作。

“他负责为这家在纽约证交所上市的公司制订财务计划。他拿出了一个文件夹，打开了一张差不多有 50 厘米宽的表格，所有纸张都粘在一起。上面的所有数字都是用铅笔手写的。这就是这家公司的财务计划，每次改变一个数字，都需要一星期才能得到答案。”泽雷拉试图说服他花 1 万美元(1984 年的价格)购买一台装有 Lotus 1-2-3 电子表格软件的 IBM 电脑，但首席财务官坚信这是一种浪费，只是电脑销售人员试图卖出的没用的东西。

泽雷拉最终赢得了这场斗争——当他的老板修改公司财务预测时，他只用一小时就拿出了答案，而不像过去需要一星期时间。“改变如‘员工人数’或‘定价’其中一个因素，立刻就能知道对公司未来几年现金流的影响，这是具有变革意义的想法。”泽雷拉表示，“那个人被彻底征服了。”之前的首席财务官一辈子都在重复做着相同的工作，只用一支铅笔更新复杂的财务报表，确保收支平衡。现在，只需要点几下鼠标，用几毫秒的计算机处理时间就能得出同样的结果。“过去需要一个星期或者一个月才能做出的决定，现在只需要几分钟就够了。”当泽雷拉 1987 年成为首席财务官时，他的工作内容非常简单直白，“我不记得自己参与过任何战略制定工作。每星期我都会与 CEO、首席运营官、销售和市场部门负责人、工程技术负责人开工作会议，我只会说：‘这是财务数据，这是下一季度预测。’基本都是单维度的话。”

接下来几年，随着泽雷拉在一系列公司担任首席财务官（大部分为科技企业），上述情况开始发生改变。首席财务官的工作不再局限于简单地描述公司的财务状况，而更多地变成制定战略，帮助公司提高盈利能力。在泽雷拉任职的下一家公司中，CEO 特意设置了组织架构，要求人力资源部门主管向泽雷拉汇报工作。这种结构设计的逻辑不难理解，特别是在服务型公司，公司的财务状况与员工编制、薪金、流失率的关联性极强。首席财务官需要对上述数字与公司服务的市场需求及定价做出协调。想成为高效员工，一个从会计部门开启职业生涯且自我定位是财务规划者的人必须迅速学会管理一个负责数百名员工的人力资源部门，事无巨细地了解从劳动法规到招聘战略等方面的各种工作。泽雷拉是怎么做到的？“要读很多东西。你得做研究，提出很多问题。我很喜欢这样的经历，因为对我来说这些都是全新的体验。当然有时候我也会想，‘我根本不知道自己在做什么’。但也就是在这种时候，你才应该挽起袖子想办法解决问题。”

“我得到的一个重要启示，就是要足够聪明，知道自己不明白哪些问题，因为在自己不明白的地方才会做出糟糕的决定，才会有危险，”他继续说道，“我宁愿承认不知道怎么做，获得其他人的帮助，也不愿意做出可能对公司产生恶劣影响的决定。”

泽雷拉在 8 家公司担任过首席财务官，而且分别监管过信息技术、法务、供应链管理等其他业务部门。“首席财务官的内涵已经超越了‘了解数字的人’这个概念，因为我觉得各家公司在这些年里意识到，无论面对什么样的商业问题，其中都蕴含着财务元素，而对这一原理的理解使首席财务官在公司里扮演了更重要的角色。”泽雷拉说。

换句话说，想从入门级别的财务专员成长为首席财务官，仅仅记好账已经不够用了。你需要对如何用财务职能服务公司大局有深入了解，也需要与其他部门有着更为深入的互动。想进入顶尖公司的高层，无论是对于制造高新技术产品的公司，还是对于生产传统产品的公司来说，理解上述变化均具有重要意义。

11 世纪初，由于缺少南部同行用于制作葡萄酒的葡萄，苏格兰和爱尔兰的修道士们产生了谷糠酿酒的想法。这就是我们熟悉的苏格兰威士忌和爱尔兰威士忌的起源。大约 1 000 年后的今天，我来到一家能生产出三大洲最高品质威士忌的公司的芝加哥总部，去拜访这家堪称“现代赢家通吃”型公司代表的 CEO。

总部位于东京的三得利控股集团收购了美国烈酒公司金宾，后于 2014 年成立了金宾三得利。这家公司最知名的产品有肯塔基波本威士忌（包括金宾、美格和我个人最喜欢的巴素·海顿）、爱尔兰及苏格兰威士忌（包括拉弗格），以及日本威士忌（“响和风醇韵”与“三得利季”）。上述每款烈酒均拥有悠久的历史，凭借一定的传统工艺确立了品牌声誉。很多时候，创设品牌的家族仍然参与生产流程。金宾的大师级酿酒人弗雷德·布克·诺尔三世（Fred Booker Noe Ⅲ）是詹姆斯·博勒加德·比姆（James Beauregard Beam）的曾孙，博勒加德·比姆在 1933 年美国禁酒令时代结束后大规模提高了金宾酒的产量。但在历史与传说之外，真正让这些产品走入世界各地的酒吧、餐厅和商店的却是一家现代化、公司化的企业。这也是马特·沙托克（Matt Shattock）登场的原因。

沙托克的父亲是名警察，他本人曾在冷战后期担任英国陆军坦克指挥官。退役后，他进入总部位于英国伦敦和荷兰鹿特丹的消费品巨头公司联合利华工作。那时的联合利华会为刚毕业的大学生提供相当于商业运营短期速成班学员的入门级职位。新员工会在不同部门轮岗，以便了解公司的不同职能部门。刚刚走下坦克的沙托克加入联合利华后，干起了向连锁杂货店森宝利（Sainsbury’s）推销香肠和肉类小吃的工作。随后，他进入了生产冷冻食品的分支公司鸟眼墙（Birds Eye Walls）。

沙托克被任命为冷冻肉类销售团队的总经理。这是他第一次做决策，也是第一次负责盈亏。他的下属包括一个工厂经理和一个销售经理，此外，他还要负责商标、法律监管和人力资源管理。将冷冻肉类送入欧洲百货商店涉及的所有事情都属于他的工作范围。“这让我对自己一无所知的事情有了极为全面的了解。”沙托克表示，“我懂会计，但我不是财务专家，所以我从优秀的财务搭档那里学到了很多。有一个精通机械、知道如何最大限度提高生产效率的工厂经理，也是一段美好的经历。我会专门抽时间和他们一起工作，穿上工作服，去车间了解工人的工作，这样我才能提出有用的问题，也能让基层员工了解我们的目标。”

沙托克的下一个落脚点是美国，他的任务是将联合利华在美国互不相关的食品业务整合为一个具有凝聚力的整体，因此他被任命为首席运营官。这段经历让沙托克受到了糖果巨头吉百利公司（Cadbury）的青睐，吉百利聘请他管理新收购的部门，这个部门负责在美国生产三叉戟口香糖（Trident）、荷氏润喉糖（Halls）和其他产品。沙托克随后又得到富俊（Fortune Brands）的邀请，富俊是一家老牌大型集团企业，生产包括玛斯特锁（Master Lock）、泰特里斯（Titleist）高尔夫球、摩恩牌（Moen）水龙头和金宾波本威士忌在内的各类产品。富俊品牌当时正在剥离各业务部门，以便集中公司业务重点，但烈酒部门却被保留下来。沙托克有兴趣负责这个部门吗？

沙托克就这样成了金宾公司的CEO，他需要将一个拥有悠久历史却因为投资不足而饱受打击的酒类品牌打造成全球知名品牌。“我们有很多行业内顶级品质的产品，但外界讨论与评价却配不上这些产品的传统与质量。”沙托克表示。公司的酒桶里还有大量库存，但他们不知道外界是否有足够的需求。

这份工作要求沙托克采用与运营消费品集团相同的品牌战略，也就是将他几十年来卖香肠、卖口香糖积攒的经验应用到烈酒行业。公司希望产品让年轻、正在形成个人偏好的消费者有耳目一新的感觉，公司也希望产品能触及不同客户群体。对品牌做出重新定义后，金宾公司推出了一系列全新广告，其中一部广告由女演员米拉·库尼斯（Mila Kunis）出演，特意采用了年轻、前卫的风格。此外，金宾公司还尝试了类似金宾红鹿酒（泡有黑樱桃的波本威士忌）的创新产品，女性消费者购买这款产品的消费频率是普通产品的两倍。

在此基础上，公司的规模逐步扩大。他们的销售团队与酒类分销商及世界各地连锁酒店、餐馆都有着坚实的关系，他们还拥有深受消费者追捧的众多产品。以这样的市场支配力为基础，金宾公司推出了更多新产品，比如比常规波本酒年份更久远的金宾魔鬼波本（Jim Beam Devil’s Cut）。“其中很多管理方法只采用最有效的实践方法，”沙托克说，“账户管理、营收管理、品类管理，这些作为运营的基本构成，已经存在了几十年。”

上述做法反映出烈酒行业的系统性变化，越来越多的证据表明，烈酒行业在过去几十年变得越来越集中化、公司化。就像沙托克的一个竞争对手对我说的那样，在不那么久远的过去，金宾公司的销售工作总体上就是与客户寒暄、社交。而如今的销售人员，按照在美国路易斯维尔生产以利亚·克瑞格波本（Elijah Craig）的海悦酒厂（Heaven Hill Distilleries）首席运营官阿伦·拉兹（Allen Latts）的说法，“具备更为丰富的知识，他们能与分销商侃侃而谈，谈论品牌状况及销售机会。”拉兹表示，想在一个推崇传统的行业取得成功，“你需要具备分析能力，知道如何利用数据做出决策；你也必须理解整体业务，不能只了解自己的工作；还要懂得你的工作对公司整体的影响。”

2014 年，沙托克运营金宾公司进入第 5 个年头时，三得利公司出人意料地提出了用 160 亿美元收购金宾的计划。他们希望打造一个全球酒业巨头。和金宾一样，三得利同样拥有显赫的历史，被外界视作日本威士忌之父的鸟井信次郎在 1899 年创立了三得利公司。推动这次并购的是鸟井信次郎的外孙“加里”佐治信忠，他不仅使金宾成为三得利在美国的滩头阵地，同时还增加了三得利的产品种类，使得三得利能够更轻松地与烈酒行业巨头帝亚吉欧（Diageo，总部位于伦敦，旗下产品包括尊尼获加和皇冠威士忌）和保乐力加（Pernod Ricard，总部位于巴黎，旗下产品包括绝对伏特加和尊美醇威士忌）竞争。两家公司合并后的早期回报相当丰厚，金宾波本威士忌在日本的销量于 32 万瓶的基数上大幅提高。此外，在预计到全球需求出现增长后，公司投入数百万美元用于提高肯塔基波本威士忌的供应，使其在 2018 年达到了与并购前相当的 800 万瓶。

穿上工作服进入车间了解生产冷冻肉类的工厂如何运作，研究销售鱼排背后的财务知识，或者为糖果工厂制定阵型战略，做这些工作时，年轻的沙托克不可能知道自己学到的东西在未来能起到什么作用。日后，他成为一家公司的 CEO，这家公司的产品拥有更强的品牌共鸣、与消费者的身份认同具有更深的联系，他也交出了极为优秀的工作成绩。可如果没有利用那些早期职场经历成为帕累托最优型高管，没有学会将销售、营销、创建品牌、工厂运作、产品开发与财务能力整合在一起，沙托克绝不可能成为这么优秀的高管。

不论是电影制作者、航空工程师还是大型波本酒厂的领导者，这些人均通过不同的职业路径实现了帕累托最优。一些人在一家公司度过了大部分职业生涯，比如沃尔沃的亨里克·格林和通用电气的乔西·穆克；其他人则频繁跳槽，比如比尔·泽雷拉。简而言之，在现代经济中，想在各自专业领域取得成功，就需要成为帕累托最优型员工。由于每个行业都存在独特情况，如何把一般建议变得更有可行性就要因行业而异了。

世界上也许不存在真正的放之四海而皆准的建议。可当我深入研究哪些人会在不同商业环境下取得成功，以及他们成功的原因时，得出的结论却日渐清晰明了。两个来自全球知名公司的高管和一个 10 岁男孩的足球赛，为我们提供了一些参考。

如何打造最有价值的专业能力组合

确定自身所在行业需要培养什么样的专业技能搭配才能成为帕累托最优型员工，这可能是个不小的挑战。向自己提问，哪些技能组合可以获得最高的市场回报，培养自身欠缺的能力。

把难以在同一个人身上找到的技能组合在一起将会带来极高的价值。比如，一个培养出销售能力的工程师，或者理解软件开发的财务专家，都会使你更有价值。

关注所在行业公认的处于发展前沿的公司所发布的招聘信息，了解什么样的技能及技能组合在行业中的其他公司开始效仿后会出现大量需求。

假如致力于成为高级管理人员，上述理念就会变得更加重要。从定义上看，决策层必须了解多个专业技术领域及各专业的互动方式。

想成为真正有竞争力的人、有心成为 CEO 或其他高管的人必须抓住每一个在不同职能部门（不论是市场营销、财务、运营还是其他部门）及不同地区拓展个人能力的机会。

HOW TO WIN

IN A WINNER-TAKE-ALL WORLD

第 3 章

建立成长型思维

20 世纪 90 年代中期，刚刚大学毕业的珍妮弗·莫鲁奇（Jennifer Merluzzi）和很多人一样，对未来的人生没有明确的打算。最初她想当律师，但是当过几年律师助理后她发现，律师的日常生活和真人秀、电视剧里所展现的根本就是两回事。接着，她攻读了一个 MBA 学位，成为伊利诺伊州艾姆赫斯特（Elmhurst）小镇一家工业品供应公司的经理，她的工作是对仓库和呼叫中心进行数字化转型，其中有成功也有失败。随后她转入咨询业，为大公司做战略咨询。在这些工作经历中，她学到了一个共同主题：即便一个机构面临着存亡的威胁，想要改变它也是极度困难的。莫鲁奇很快决定，她要把研究上述挑战当作毕生工作。她进入芝加哥大学布斯商学院，选择“组织与市场”为博士课题，研究经济社会性。

莫鲁奇和一个同事戴蒙·菲利普斯（Damon Phillips）很快开始讨论他们在那些攻读 MBA 的学生身上发现的一个悖论。布斯商学院的大部分学生拥有几年工作经验，过去的调研表明，绝大多数人希望通过读商学院改变职业发展方向。然而进入商学院后，很多学生只是继续强化他们已经拥有强劲实力的专业：过去在银行工作的人更关注财务问题，前品牌经理喜欢研究市场营销，前战略顾问热衷战略课程。职业建议类书籍可以提供各种细节，帮助人们了解某一专业领域。未来的银行家可能被告知每天都要读《华尔街日报》，要研究财务文本、熟知财务表格，还要了解华尔街不同公司间的文化差别。选择 MBA 课程时，他们也会尽可能多地选择金融建模课程，而忽视其他专业课程。

课程专门化的问题在于，与学生们声称的学习目标不符。“当我们在课后与聘用这些学生的商界人士交流时，他们都看透了职业专门化，并且淡化这个问题。”莫鲁奇表示。其实莫鲁奇的意思是，“我宁愿聘用一个不把所有时间都用在一类 MBA 课程上的人，只上一类课程纯粹是浪费时间。原因有二：第一，我更愿意聘用一个在多个领域取得成绩的人，这证明了他们的才能和适应能力；第二，让我们面对现实，无论他们在 MBA 课程中学到了什么财务专业技能，即便上的是最好的 MBA 课程，我们也会重新培训他们，让他们学会按照我们的方式做事。”换句话说，他们是在寻找与莫鲁奇有类似经历的人，他们第一眼看上去好像在各个专业间到处游走、不够专一，但这其实反映出一个人拥有智慧、好奇心，而且勤奋、适应能力强。

莫鲁奇和菲利普斯想知道，哪种方式能够获得更高的市场回报：究竟是专业学生更受重视，还是招聘人员说的多元化经历更有价值？为了进行这项研究，他们首先需要选出那些在进入商学院前就已经广泛展现出与莫鲁奇类似程度智慧与成就的人，确保自己不会只在基础层面寻找差别；其次需要研究在组织结构严谨的公司工作过的人，这样才有明确的衡量成功的标准。只有这样才能保证他们获得的数据可以真实反映出复合型人才和专业学生中哪一类人能真正获得市场青睐。事实证明，数据就在他们眼前，进入华尔街投资银行且上过 MBA 课程的人能同时满足上述两种需求。能够进入顶级商学院，这些人显然具备极强的个人能力，而银行业有着相对统一的衡量成功的标准，比如职位数量、收入和奖金等。

莫鲁奇和菲利普斯拿到了 2008 年和 2009 年从顶级商学院毕业后进入银行业的 MBA 学生数据。他们按照进入商学院前的经历和实习选择对这些年轻的银行家设置编码，并且以他们的成绩、标准化考试分数和本科是否就读于顶尖学校为变量。完成上述工作后，他们开始研究数据，并得到了令人惊讶的结果：过去没有接触过投资银行及财务工作的人，比拥有大量相关专业经验的人获得一份工作邀请的概率高出了 2 倍多。

除此之外，过往工作经历集中于投资银行的人的奖金中位数为 64 438 美元，过去没有接触过投资银行业务的人奖金中位数是 87 402 美元，前者比后者低了 26%。说明招聘人员更愿意聘用富有创造力、适应能力更强的复合型人才，而不愿聘用“硬核财务专家”，这似乎更为准确地反映了社会现实。

但这并不意味着复合型人才是任何行业在任何时候的最佳选择。在不同场景中，我们可以轻松找到支持深度知识与专业能力的证据。如果我需要做重大手术，肯定希望由一个毕生研究同一治疗方式的人主刀；因为犯罪行为受审时，则希望由一个专业的刑事律师为我辩护。但我也发现，商界最为短缺、也最难寻找的仍是在多种职能中达到帕累托最优、在机构内部成为优秀的魅力型连接者的复合型人才，他们也是在莫鲁奇的研究中获得最高回报的一群人。

怎么做，才能让自己成为这样的人？

当我在 2017 年采访莫鲁奇时，她已经成为乔治·华盛顿大学商学院的教师，住在华盛顿郊区。她表示，自己双胞胎儿女的运动能力在同年龄段孩子中名列前茅，儿子练的是足球和棒球，女儿练的则是游泳和体操。但莫鲁奇表示，她遇到了一个问题：两个孩子受到了来自教练的压力，教练让他们选择专攻一个项目。

她的儿子收到加入一支巡回棒球队的邀请，这意味着他可以和整个地区最顶尖的球员交手，不再只面对社区里的其他孩子。但他的教练却回绝了这份邀请，并在邮件里给出了“不能二者兼顾”的解释，也就是说因为莫鲁奇的儿子还想继续踢足球，所以不能加入巡回棒球队。同样地，她的女儿为了在泳池里保持竞争力而投入了大量训练时间，这意味着她必须放弃体操。教练们发出的信息非常明确：想成功，莫鲁奇的孩子就必须把所有精力投入到一项运动中。“在这场展现自身专注度、需要跟上竞争强度的竞赛中，这种获取越来越多专业经验的压力非常大，”莫鲁奇表示，“就好像基线越来越高，导致人们走上了越来越窄的通向连续专业化的道路，排除了任何其他的可能性。”

莫鲁奇对我说这些话时，她的孩子只有 10 岁。

这种推动有天赋的美国孩子专精一个运动项目的趋势存在显而易见的消极影响。对于涉及重复动作的体育运动，比如棒球投球或挥动网球拍，长年重复同样的动作意味着更有可能出现严重伤病。更大的问题是，过度集中精力关注一个项目会导致巨大的心理压力，使得年轻人将自我价值与能否踢进一个球或命中一个投篮完全关联在一起。即便体育曾给他们带来无限快乐，他们也因此而更有可能彻底放弃体育，其中的矛盾在于，年轻人成长为适应能力良好、不受伤病折磨且享受体育运动的成年人，最佳方式可能是不论水平多高，也要限制专注于一项运动的时间。

同样的道理也适用于职业生涯。在职业生涯发展过程中，强化已经有足够深度的知识、管理或技术能力看起来似乎是合理的选择。当然，世界需要拥有深度知识、能够完成高难度工作的专家。但从长远看，复合型人才出人意料地获得高回报的研究表明，通常具有更大价值的是在自身的弱点上多下功夫，而不是继续强化已经很强的能力。

从本质上说，成为帕累托最优型员工的方式，就是克服人类最自然的一种心理倾向——持续做自己擅长做的事。然而，如果完全采纳前面提到的建议，你也只会博而不精。只不过对莫鲁奇的孩子来说，他们的目标是通过踢足球、练体操开发自身的全部潜力，同时混搭各种活动，帮助自己尝试新事物，培养新的能力。

处理 10 岁孩子的体育运动日程安排已经是非常艰巨的挑战了，在职业生涯中解决同样的问题看起来完全不可能。但奥梅尔·伊斯梅尔（Omer Ismail）的故事却让我找到了成功解决这个问题的方法。

弥补弱点，而非仅仅加强优势

伊斯梅尔从小在巴基斯坦的卡拉奇（Karachi）长大，他就读于一所由英国人开办的学校，后来前往新罕布什尔州一个气候寒冷的地区读大学。在达特茅斯大学读到大四时，他不知道自己想做什么，但他很明确自己想留在美国。他咨询了就业办公室，询问哪些雇主愿意为大学刚毕业的年轻人提供工作签证。就业办公室给了他两个选择：大型咨询公司和华尔街大型银行。伊斯梅尔参加了这两类公司的面试。他记得一家大型咨询公司问他一个足球场能放下多少辆汽车，在他看来，这就是脑筋急转弯式的问题，相比之下，华尔街银行的面试进行得更顺利。

伊斯梅尔在大学读的是政府管理专业，他没选修过财经类课程，也没在银行实习过。但他的大学成绩非常出色，而且精通数学，还因为担任过达特茅斯大学报社社长、负责过广告销售和预算而拥有一定商业经验。这样的经历为他赢得了高盛集团一份入门级分析师的工作，高盛集团一直位于华尔街最顶尖投资银行行列之中。

最初，伊斯梅尔认为自己难以和其他分析师匹敌，他的大部分同事都有实习经验或者接受过相关教育，而这正是他欠缺的。6个星期的培训期间，当大部分同事晚上享受社交生活时，伊斯梅尔总会额外抽出 3 个小时补习金融建模与分析这些老板期望他从第一天开始就了解的知识。他在 2002 年秋天加入高盛集团，被分配到一个为电信、媒体和科技行业提供投资银行服务的团队。而当时的全球经济正处于下行期，伊斯梅尔服务的产业元气大伤，企业间的合并与收购活动大幅缩减，而这正是投资银行的主要业务之一。开始工作几个月后，伊斯梅尔所在团队有一半的人遭到裁员，但像伊斯梅尔一样的新晋分析师却幸免于难。

距离伊斯梅尔惨淡的职业生涯开端已经过去了 14 年，现在的他已经升至高盛集团的合伙人，绝大多数与他同期进入公司的分析师早已离开。在我与他交流时，正值他领导高盛集团进行大胆尝试的时期，他希望将业务扩展至公司过去从未涉及的领域，这也是他们在 2008 年金融危机时面对世界经济新形势做出的调整。走到这一步，伊斯梅尔靠的就是成为帕累托最优型高管。他能够将对金融分析、战略、风险管理、合规管理、数字技术及消费者市场的理解整合在一起，由此成为高效的管理人员。伊斯梅尔在一家历史可以追溯到 1869 年的老牌公司中实现了成长，而在他工作的这 14 年里，高盛集团本身也做出了大量改变。

高盛集团的改变，就是商业界整体发生改变的缩影。高盛集团本身的规模与复杂程度大大提高：1999 年公开上市时，公司的员工人数为 13 000 人，总资产为 2 300 亿美元；到 2016 年时，这两个数字分别提高到37 000人和9 170亿美元[①]。高盛集团所处行业的资源越来越集中于少数几个赢家：2008年金融危机前，高盛集团是华尔街五大投资银行之一。如今，五大投资银行只剩两家[②]。即便传统金融业务在超级银行内部不断得到强化，这些老牌玩家也不得不面对来自新兴金融科技公司发出的全新挑战。金融行业整体的全球化程度不断提高，这些华尔街精英要和来自伦敦、法兰克福、香港及其他金融之都的对手们争夺市场。而过去主要依靠银行家与客户私交获得的业务，如今越来越成为资产定价算法或者平台交易效率之争的结果。

我们仍能从高盛集团那里看到一些老派华尔街公司特有的气质。其内部等级制度仍非常僵化，不过数千名金融专家虽然依然只有分析师、助理、副总裁、常务董事和合伙人几种职位[③]，但实际上的改变却很明显。其中最显著的变化，就是公司不再只聘用毕业于常春藤大学、穿着笔挺西服的金融专家，而是越来越多地在理工类院校寻找拥有计算机科学、理论数学甚至物理学背景的软件工程师。如果从更表面的角度观察，那就是在高盛集团曼哈顿总部与我们对话的伊斯梅尔及公关部门负责人，穿的都是牛仔裤，而非西服。[④]

在华尔街旧模式里，以电信投资业务起家的人的最大野心，不过是爬

---

① 经过通胀调整，高盛集团1999年约有2 310亿美元的资产负债，相当于2016年底的3 390亿美元，也就是说，在17年里增长了153%。

② 在大型投行中，雷曼兄弟破产（英国的巴克莱银行获得了他们的很多资产），美林被美国银行收购，贝尔斯登被摩根大通买下。投资银行和商业银行间的区别被显著弱化。但不管怎么切割，美国银行部门越来越集中于大型公司。

③ 高盛集团的一些专业人士用“执行总监”这个称呼替代“副总裁”，特别是在美国以外的地区。高盛集团的合伙人也是总经理（不过并非所有总经理都是合伙人）。

④ 当一个记者采访高盛集团的银行家时，穿灰西装的居然是记者，这个场景再奇怪不过了。

到合伙人位置，在行业内拥有越来越多的人脉，成为受众多公司 CEO 信任的顾问（以及高尔夫球友），好让公司在并购中获得大笔佣金。这种模式并未完全消失，但如今高盛集团内很多优秀的员工发现，他们必须选择相对迂回的职业路径。

做了 3 年投资银行业务后，伊斯梅尔进入商学院读书，随后重返高盛集团。不过他接受的不是投资银行业务的高级职位，而是为公司的一只私人股权基金工作。伊斯梅尔渴望尝试新事物。“我天生不够有耐心，”他说，“而且我在适当程度的焦虑下可以更好地工作，我喜欢证明自己有能力做好各种事情的工作状态。”公司要求他关注债权投资，寻找大笔购入被市场低估的公司债的机会。“我认为那会是非常有趣的学习经历，所以我去做了。”他说，“那时绝大多数人都在质疑我的判断。”

如果用莫鲁奇的孩子做类比，伊斯梅尔的很多同事在他想尝试网球时都希望他继续提高足球水平。

伊斯梅尔的策略成功了。他学到了大量不同行业的工作经验，而在2008—2009 年金融危机期间，债权投资变得尤为热门。当时风险公司的债券以极低价格成交，如果能买入合适的不良债权，就能获得巨大收益。2012 年，伊斯梅尔再次做出改变。奥巴马《平价医疗法案》（*Affordable Care Act*）正式实施后，他看到了美国医疗保健行业的无限商机，决定为私人股权投资寻找有可能获得巨额回报的投资目标。

在非金融行业从业者看来，伊斯梅尔的众多工作似乎颇为相似：他的所有工作都需要搭建金融模型，需要协商数额庞大的业务。可按照华尔街的标准，伊斯梅尔的各项工作有着显著区别，每一阶段他都在学习新的行业知识，了解应对商业挑战的全新思维方式。比如，保险报销政策出现变化时医院如何调整商业模式，或者当“拒绝有线电视”运动的扩大导致更多观众不再付费购买有线电视服务时地方体育电视台如何做出调整。

按照上司的回忆，地方体育台的案例尤其能说明伊斯梅尔学习新专业知识、拓展新领域的能力。高盛集团拥有洋基娱乐体育电视网（YES Network）的股权，洋基娱乐体育电视网控制着纽约洋基队的比赛直播权。伊斯梅尔作为私人股权部门上升期的新人，协助管理这笔投资。

“大部分职业生涯处于那个阶段的人都一心想着拿到好看的数据，和公司签订新劳动合同，确保运营符合预算要求，”高盛集团商业银行部门主管理查德·弗里德曼（Richard Friedman）表示，“伊斯梅尔则更进一步，去了解商业运行模式，了解市场与科技走向以及市场可能改变的方向。在这里，我们有用‘广度’考量员工能力的说法，伊斯梅尔就是个有大局观和多重经验的人。他有理解大局、知道各部分如何结合在一起的能力。”最终，鲁伯特·默多克旗下的 21 世纪福克斯公司在 2014 年以 39 亿美元的价格收购了洋基娱乐体育电视网。

虽说伊斯梅尔是在一家知名投资银行完成上述职业经历的，但他的每一个选择均伴有一定风险。他没有选择在已经证明过自己的领域继续增加资历、获得更大权力，而是为了学习不一样的知识而尝试新事物。

“承受第四个风险时，我觉得自己的能力比承受第一个风险时略好一点儿。”伊斯梅尔表示，“一个人以合并与收购银行业务起家，20 年后能成为真正的合并与收购业务专家吗？肯定可以。但我觉得，对我个人来说，不舒服的感觉具有更大价值。”

不过，以上都算不上伊斯梅尔最富戏剧化的经历。2014 年夏天，时任高盛集团总裁的加里·科恩（Gary Cohn）在自己位于汉普顿的周末度假屋召集了一些公司高管，设计公司未来蓝图的同时试图走出金融危机的阴影。2008 年，高盛集团将自身法定结构变更为“银行控股公司”，由此获得了更多政府支持。然而 6 年后，高盛集团仍然不像普通人眼中的银行那样以存款、贷款业务为主，而是保持着华尔街金融公司的气质，做着高级金融业务。但科恩和 CEO 劳埃德·布兰克费恩（Lloyd Blankfein）想知道，公司是否有机会向普通人和小型企业贷款。他们让商业银行部门主管弗里德曼组建一个团队，研究上述可能性。因具有多种能力和大局观而给弗里德曼留下深刻印象的伊斯梅尔接到了这个任务。

伊斯梅尔领导一个小团队，审查各种选项，寻找商业银行表现糟糕但又值得高盛集团介入的市场。他们得出结论，市场上有开展一般消费者存款和贷款业务的机会，而且不需要像传统银行那样付出巨大成本开设实体银行门店，只需要利用高盛集团信誉和专业知识即可。经过大量讨论，公司用 19 世纪公司创始人的名字，将部门命名为“马库斯”（Marcus），即高盛－马库斯银行。弗里德曼回忆，在组建运营团队时，他曾经告诉伊斯梅尔医疗保健投资团队有一个安全的高收入职位，只要他愿意，那份工作就是他的。

相反，在参与过并购业务、管理过体育媒体投资、选择过不良债权和医疗保健投资工作后，伊斯梅尔成了以一般消费者为核心的新银行的运营主管。在担任首席运营官期间，凭借一个迅速组建起来的团队，伊斯梅尔和同事在 18 个月的时间里打造出一家规模堪比母公司、符合一切法律规定的纯互联网零售银行。和职业生涯早期只需要挑选投资机会相比，这份工作截然不同。

“在投资银行或商业银行界，你会做受你监管的人的工作。”伊斯梅尔说，“如果我的分析师或助理想不出办法了，我可以深入研究模型，我可以找出解决方案，因为我以前做过类似工作。但在运营工作中，你得学会监管那些负责自己不熟悉的工作的人。”伊斯梅尔在风险管理方面没有任何资历，他没有设计过面向消费者的网站或手机应用程序，但他接到任务，负责监管这些人的工作。伊斯梅尔发现，这份工作的核心，就是带着帮助专家解决关键问题的热情面对每一个职能部门。“技术总监会带着几个方案找到我，要解决的都是技术难度极高且非常复杂的问题，比如哪种云技术具有更好的负载平衡能力。我的工作就是想办法理解：‘好吧，如果我选择 A 或 B，会对我们的业务和消费者产生什么影响？如果在这里选择捷径，对未来会有什么影响？’每天的工作就是做出数不清的类似选择。为产品部门选择副主管时，你会选择目光更为远大的人，还是选择更关注执行与细节的人？你会把运营部门集中在纽约某一个地方，还是把团队放在成本更低的城市，比如达拉斯，甚至班加罗尔？”

马库斯成为高盛集团内部规模较小但发展迅速的业务部门。2016 年底，马库斯的未偿贷款额为 2.08 亿美元，2017 年底，这个数字升至 19 亿美元，2018 年中时已经达到 31 亿美元。2016 年 11 月 9 日，高盛集团公布新晋合伙人名单，在这些进入公司最高层的人员中，伊斯梅尔赫然在列。毫无疑问，他拥有过人的天赋，而且工作非常努力，可让他不断获得晋升的真正原因，却是他拥有推动自己进入非舒适区的意愿。

不要只关注晋升机会

我们是否能把伊斯梅尔的应对之道转变为任何人在职业生涯中都能遵循的策略？专门研究职业发展道路的人提出了很多想法、行动框架和模型。

举个例子，先思考“职业阶梯”这一观念，这是一种相当简单却过时的理念。接受完教育后，你在自己选择的领域以初级职位开启职业生涯；获得一定经验后，你接手更为复杂的项目，开始向上爬升，得到了更光鲜的头衔，收入略有提高；几年后，你又重复这个过程。只要不犯错，并且不断提高自己做某一种工作的能力，等着你的就是美好的未来，最终以感人的退休仪式和丰厚的退休金收尾。在等级制度稳定且呈线性的公司中，这是效果最好的职业路径。

可我们在几家公司中看到，上述路径已不再适用于大多数人：公司的变化极快，有些工作直接消失，有些变得面目全非。这就轮到“职业格子”登场了。职业格子的说法最早出现于 1966 年[①]，如今越来越得到重视，但尽管如此，互联网上“职业阶梯”的搜索频率几乎是“职业格子”的 12 倍。这意味着，即便现代劳动力市场已经出现了重大变化，但对职业生涯的一元观点仍是主流观点。

事实上，现代职业生涯不仅涉及向上移动以及在单一专业部门承担更重要职责，而且涉及跨部门的横向甚至向下移动，而这都是为了日后的迅速向上做准备。图 3-1 所示是一个简单例子，对比了一个人的职业格子和传统的职业阶梯。显然，具体的头衔与获得具体头衔的所需时间因公司和行业而异。

换句话说，这是一个人成为帕累托最优型高管的职业路径一览图。谢

---

① 在谷歌 N 元语法（Ngram）数据库中，最早提出这一概念的文章出现在 1966 年，具体的说法还比较含糊。文章出自加利福尼亚州人事与指导协会（California Personnel and Guidance Association）。该文章中写道：“现实中理应存在职业格子，好让不愿继续从事入门级工作的人在满足条件后可以横向或纵向更换工作。”

丽尔·桑德伯格认为“职业攀爬架”这种比喻更形象，你可以把图表的最下行内容看作不同类型的公司，即老牌大型公司、创业公司、职业服务公司等。

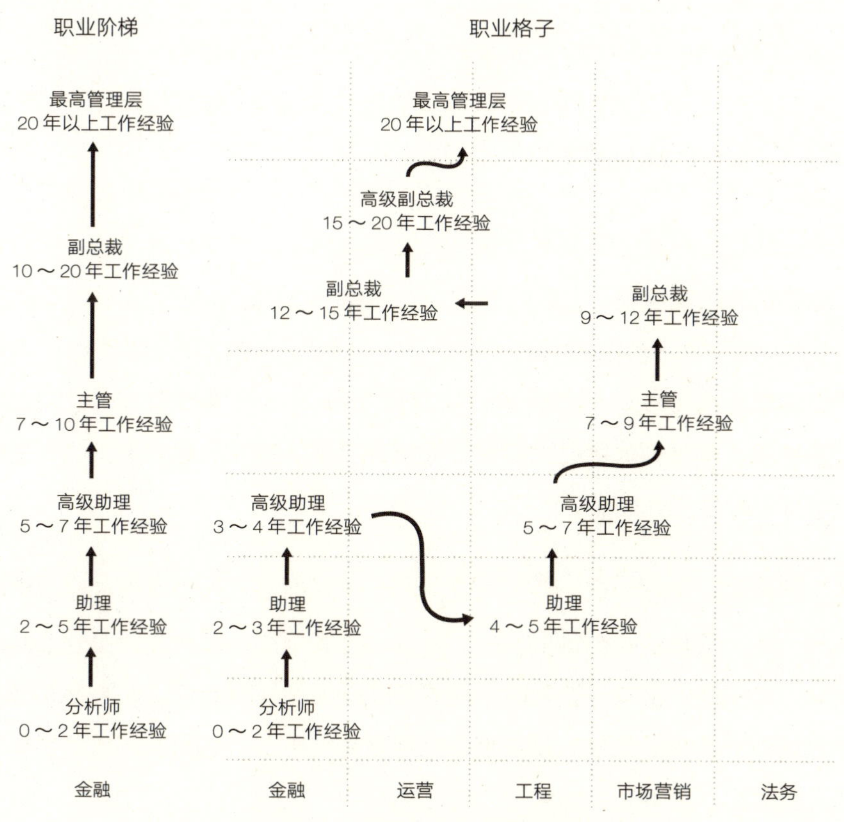

图 3-1　职业格子与职业阶梯的对比

不论选择职业格子还是选择职业攀爬架，横向移动或者略微向下移动都不仅可以被人接受，而且通常是实现最终目标必不可少的一步。换一个角度也许更容易理解：雇主同时为你提供升职和调动到未证明过自己的专业部门的机会可以说少之又少。一般来说，你只能二选一：要么选择升职，在已经证明过自身能力的领域承担更大职责，要么横向（甚至向下）调动到没有证明过自己但有成长发展机会，能够了解公司不同部门如何协同工作的其他专业领域。①

这与现代大型公司一些组织结构的变化相吻合，比如高德纳咨询公司人力资源部门进行的研究，就证实了这个观点。该研究负责人布莱恩·克罗普（Brian Kropp）在 21 世纪的前 10 年就对我说过，他和同事在研究作为其客户的大型公司时，曾注意到一系列相似的趋势。全球金融危机发生后，各个公司都在缩减中层管理岗位，以期减少成本。反过来，这也意味着升职机会变得更少，但升职幅度变得更大。和过去两年从管理 5 人团队升至管理 10 人团队相比，一个处于上升期的经理人可能需要等上 5 年才能获得晋升，但受他管理的员工人数可能会从 5 人跃升为 30 人。因此，越来越多的人因为长年得不到晋升而感到沮丧，而获得晋升的人因为晋升跨度过大也很有可能无法胜任新工作。

年轻员工渴求晋升，而技术变化正在改变很多工作的本质内容。即便如此，传统晋升机会也越来越少，而且与过去相比，晋升的跨度也会越来越大。基于这些原因，克罗普和他的同事建议公司面对现实，为员工提供更多样的工作经历，从而使员工得到更多晋升机会，以帮助年轻员工更好地应对不断变化的经济环境。

“作为员工，你必须思考‘为了未来得到晋升，我得在简历上增加什么内容’这个问题，”克罗普表示，“而不是‘这个季度我需要完成什么任务

① 我喜欢“职业格子”这个比喻的另一个原因是，它就像现实中爬格子梯一样，等级制度越低，横向移动的危险就越小。爬得越高，横向移动的风险就越大。举个例子，一个咨询总监想变成财务总监的风险，就比入门级的技术员抽时间学点财务规划知识要大得多。

才能立刻获得晋升’。你不能只从‘我怎么在这个公司发展’的角度思考问题，虽然听起来特别唯利是图，但你必须思考的问题是：‘我怎么才能在任何公司得到晋升？无论职业生涯如何发展，什么样的能力能够帮助我取得成功？’”

对此，我们可以从军队和外交领域借鉴经验。当一个国家派遣士兵前往远方作战，或者派遣外交官代表国家出使外国时，一般都会提前确定任期，任期结束后，军人和外交官会接到新的任务。这种“轮岗”概念如今越来越多地出现在公司环境中。

给每份工作设定“三年之痒”

我们以里德·霍夫曼（Reid Hoffman）为例。领英创始人霍夫曼如今在格雷洛克风投公司（Greylock Partners）任职。他在一系列关于数字时代职业生涯和人才管理的书籍与文章中表示，在 21 世纪的企业界，轮岗模式是引领职业发展道路的最佳方式。在霍夫曼看来，传统职业模式中，劳资双方均说过大量谎言。提供工作机会时，雇主假装希望雇员永远留在公司，雇员也假装愿意永远留下，但实际上，双方大都知道雇佣关系随时可能发生不可预见的改变，这会催生不满情绪。所有人都知道，当公司业绩下滑，或者不再需要某些技能时，雇主会选择裁员；所有人也都知道，如果出现更好的机会，雇员会选择辞职。与其生活在这种双方假装雇佣关系能够永恒的幻想世界，更为诚恳地面对双方关系显然对公司及其员工都有好处。霍夫曼认为，最佳状态就是“雇主说‘如果你让我们更有价值，我们也会让你更有价值’，而雇员说‘如果你帮助我成长发展，我就会帮助公司成长发展’”。

这就是霍夫曼从领英创立之初就明确的与部分员工确定 2～4 年轮岗制度的部分原因。当然，这种做法也无法保证员工长期留在公司，只是让劳资双方达成了一种共识，即员工因为某个目标进入公司，几年后双方均需重新评估，找出帮助公司发展、协助员工成长的最佳方式。有时，轮岗结束，员工接手新项目；有时则是握手道别，大家各奔前程。

我们也可以在其他地方找到类似的做法。投资银行和咨询公司一般聘用大学毕业生担任为期 2 年左右的分析师，这种做法实际营造出鼓励这些毕业生几年后离开公司的氛围，届时换一个职位也不会成为职业污点。大型企业集团传统上采用核心战略部门轮岗的方式培养管理人才。以通用电气为例，一个有潜力的管理人才可能先在印度的机车部门工作 3 年，然后前往巴西的医疗保健部门工作 3 年，再前往位于美国波士顿的公司总部，在企业战略部门工作两年。与霍夫曼更为纯粹的轮岗概念不同，以上工作安排通常以员工永久留在公司为前提，他们只是要做不同的工作。

霍夫曼对现代职场的分析引人入胜，他提出的解决方案同样让人信服。至少在 21 世纪的经济环境中，找工作更像约会，不再像（高质量的）婚姻。你可能找到了一份特别好的工作，这种情况可能持续一年，甚至多年。但所有人都要做好这种关系终究会走到终点的心理准备，雇主和雇员应各自明确想从这段关系中得到什么。对于寻求成为帕累托最优型高管的人来说，他们想从雇佣关系中获得的，就是能够帮助他们迎接下一份挑战的拓展型经历。

从霍夫曼的轮岗制可以推导出一个必然结论，我称其为“三年之痒”。做一份工作，第一年，你尚在学习摸索中；第二年，你能够带来一些影响，慢慢适应了新角色；到了第三年，你逐渐得到回报，感到了舒适与安心。

这时，你有了一个选择的机会。你可以享受这份舒适，在现有工作中继续寻求提高，不过可以肯定的是，得到的回报会越来越少。你也可以选择跳出舒适区，尝试新事物，在那个过程中获得成长。

伊斯梅尔选择的就是跳出舒适区。在一个又一个关头，当他需要在维持现有的优异工作和离开舒适区、推动自己尝试新事物间做出选择时，他总是选择跳出舒适区。一次又一次进入陌生领域，这本身就是一种训练，“在某种程度上，我觉得自己不想过于舒服。”伊斯梅尔说。

习惯不舒适的感觉

上文提到的各种数据和趣闻直白地传达出一个明确的职场建议：尝试成为多个领域的专业人士，多种能力组合自然能得到市场重视，你与拥有多种专家的团队也能实现无间合作。

真正有用的建议更为宽泛，也更加简单：把自己培养成一个拥有开放心态的人，让自己渴求新事物。你的目标，就是习惯不舒适的感觉。

斯坦福大学心理学家卡罗尔·德韦克（Carol Dweck）在《终身成长》（*Mindset*）一书中写到了“成长型思维”的重要性，与之对比的是“固定型思维”。在这本书面世十多年后，在我和众多高管的交流中，“成长型思维”这个概念频繁出现。实际上，我反复看到，成长型思维是一项必要的先决条件。只有具备成长型思维，人们才能获得让自己在现代公司的工作中取得成功的能力组合。正是德韦克所说的成长型思维，会让一个工作过于舒适的人产生“三年之痒”，推动他们将职业生涯看作一系列轮岗，通过大量横向移动摸索属于自己的职业格子，最终成为帕累托最优型员工。

这就带来了一个重要问题：我们能否把自己塑造成这样的人，并且拥有上述职业生涯？当然，每个人拥有不同的天赋，成长环境也各不相同，但所有人都需要以让自己感到不太舒适的方式推动自己前进。我们都在学校学过自己不喜欢的课程，在职场中也有过离开舒适区的经历。运动员可能在一次训练中专门锻炼肩部和手臂，在另一次训练中则锻炼腹部或者腿部，但想取得优异成绩的现代运动员也需要通过拉伸或者瑜伽培养柔韧性和灵活性。拥有能让一个人成为帕累托最优型员工的成长型思维，关键在于重视多元化的经历。

这种心态无法体现在简历上。成长型思维是一种渴望，逼迫我们每隔几年就要审视自己，即便上司没有要求或强迫，也要逼迫自己尝试新事物。与人生后期相比，在风险相对较小的人生早期阶段，我们可以找到多种方法实现上述目标。大学主修文学专业的学生选修有难度的经济学课程，害羞的计算机科学家为了提高沟通能力加入辩论社，志向远大的化学家为大学报纸投稿，这都是人们锻炼“不舒适肌肉”的尝试。

在职业生涯早期阶段，我们通常能够得到类似的低风险煅炼机会，或者至少与日后地位更高时相比风险更低。比如，一个管理人员因为特定项目寻求他人的帮助，为了监管实习项目而专门成立委员会，销售团队希望工程部门的成员一起拜访客户等。

在这些案例中，你不仅能在尝试新事物、在职业格子的横向移动中获得真正意义上的多重经验，还能通过迈入陌生领域这个行动本身获得训练。

睡莲叶策略

创作本书时，我拜访了一些取得过突出成就的人。我向所有人提出了同样的问题：你会给自己的后辈经理人或者自己的下一代提出什么样的建议？其中一个询问对象是史蒂夫·凯斯（Steve Case），他在美国在线公司的全盛期，作为 CEO 赚到了数十亿美元。后来，他转型成为风险投资人和慈善家。在他位于华盛顿可以俯瞰杜邦环岛的镶木雅致的办公室里，我们有了一次长谈，凯斯的很多说法与本书的内容不谋而合。“面对下一波浪潮的心态，就是要在人生中拥有多个篇章，每个篇章中又有多条副线。”他说，“我父亲一辈子只做过一份工作，这种情况显然不会再出现了。对很多问题都有一定了解，而且能将各个环节连接在一起，这种能力变得越来越重要。”凯斯坚信，下一波商业浪潮一定与尖端数字技术以及重要但尚未大范围应用数字技术的产业有关，我们需要把两者相结合，比如医疗保健、教育和农业。而这反过来又要求高管们不能只把精力投入到开发易于使用的应用程序上，还要了解软件和计算机技术的动态部分、监管流程，以及医生、教师和农民的实际工作方式等部分。

我不断旁敲侧击，希望凯斯说明有雄心壮志的人如何才能将自己观察到的一切用于规划自身职业生涯。在这个过程中，我能感觉到他认为我执迷于寻找一个“一刀切”的通用式建议。

“当然不是说存在每个人都该走的一条路，”凯斯说，“这更像是一丛丛睡莲叶。每一步都会通向下一步，跳向一片叶子时，你不确定自己的每次跳跃会通向何方，甚至不知道前方是否真有路。最终取得成功的人并不只有智慧和努力。除此之外，他们还有好奇心和强烈的渴望。他们希望进入新领域，成为新领域的专家。他们培养出了强大的人际关系网和人际交流能力。每天，他们都希望学到新知识。”

在我思考这段话时，凯斯表示，现实中也可能存在对依靠成长型思维成为帕累托最优型员工或魅力型连接者的错误理解。人们以为按图索骥、按部就班就能在 21 世纪混乱的经济环境中取得成功。凯斯实际上宣扬的是“学习并体验”这种方法的优点，一个人可因此跳上任何一片有前景的睡莲叶，或者在必要时后退，这样即使不知道自己落在何处也能继续前进。

这是个让人耳目一新且很有说服力的观点。几个月后，当我飞往美国阿肯色州的本顿维尔（Bentonville）与丹尼尔·艾克特（Daniel Eckert）见面时，我看到了这一观点在实践中的运用。

身材匀称，穿着一身做工考究的西装，眼睛炯炯有神，那时的艾克特是美国沃尔玛服务与数字推进部的高级副总裁，他的部门负责解决与购物体验相关的众多技术问题。我们的见面地点安排在公司总部。受每年原油价格的影响，沃尔玛的年营收总是在世界第一和第二的位置来回浮动。[①] 如果了解沃尔玛的节俭企业文化，那么看到身为高管的艾克特只有一间无窗、由仓库改建、摆放着廉价家具的办公室也就不足为奇了。

艾克特跟我聊到了他进入沃尔玛前曲折的职场经历。在美国纽约州北部长大的他成长于一个中产之家，高中时他曾是摔跤运动员，后来进入密歇根大学读书。读大学期间，他对公共服务产生了浓厚兴趣。他加入美国海军陆战队，担任过 4 年物流运输官，服役地点遍布全世界。因为服役，艾克特和妻子长期两地分居，而他的妻子希望过上传统的安定生活。在服

① 沙特阿拉伯的石油公司在 2017 年以 5 100 亿美元比 4 810 亿美元的优势，压过沃尔玛成为世界上营收最高的公司。

役期即将结束时，艾克特开始研究自身能力在商界的作用。“我有物流运输背景，我觉得这能为我找工作提供很大帮助。但我也不敢确定，因为我处理的都是大型军用运输机、直升机零件这些在海军陆战队里才会用到的东西。我在想这种技能怎么转换为民用。我对商业一无所知。”

在海军陆战队的最后一段服役期，艾克特被调至挪威。闲暇时他会翻出企业金融教科书，独立学习各种商业知识。回到美国后，他在找工作时联系了自己能想到的所有熟人，最终成为战略咨询公司埃森哲（Accenture）新一届分析师中年龄最大的成员。绝大多数新入职的分析师都是大学刚毕业，大约 22 岁左右，相比之下，26 岁的艾克特就显得年龄比较大，同事都戏称他为“银背大猩猩”。

艾克特有时会有焦头烂额的感觉。他最初接手的一个项目需要为一家法国化学品公司估值，所有财务报表都是他看不懂的法语。他买了一本法英词典，逐字逐句地翻译了财务报表。尽管存在先天劣势，但艾克特的工作表现超过了所有年轻同事。这时，一个老朋友打来电话，问他是否愿意合作。

朋友提出的商业计划与一种新型金融形式有关，这个金融形式将股权和债权的优点结合在一起，更有利于投资者规避风险。他们在一个商业计划竞赛中提出了这个创意，但只得到第八名。尽管如此，他们还是得到了一些投资人的青睐，有人愿意投资。

那时，艾克特在埃森哲只工作了 9 个月，但开展新事业的吸引力实在太大了，让他无法拒绝。然而他和搭档很快发现，向市场推出全新金融产品所遇到的法律问题比他们想象的要多得多。“开始时我觉得，我有这么好的一个创意，我们只需要填几份文件就能开始了。”艾克特表示。然而根据他的回忆，当他们拜访过几个律师事务所后，对方的回应都是："你们知道这有多难吗？这是不可能的。"不过两人选择了坚持，而且似乎就要看到曙光了，至少就要解决法律问题了。就在这时，市场风向出现转变：自 2001 年，安然、世通等公司先后爆发丑闻，导致监管形势急速恶化。随着资金越来越少，两人决定关门歇业。那年圣诞节后，艾克特和朋友关掉了公司。

由于科技行业泡沫破裂，那时正是就业低谷期。艾克特的唯一机会，就是兼职帮一些朋友对一家公司进行尽职调查，这家公司正在为钢厂的含油废水研发更好的处理工艺。这算不上真正的工作，但至少能解决艾克特的温饱问题，而且能让他接触市场环境。

这时的艾克特已经接近 30 岁，用"灾难"形容他的职业生涯也毫不为过：4 年海军陆战队物流军官，9 个月战略咨询师，一家失败的创业公司的联合创始人，还做了几个月和含油废水有关的工作。没有人看到这份简历后会说："这就是我想要的人。"

因此，当艾克特在埃森哲的老上司邀请他加入位于芝加哥的美国第一银行（Bank One）时，艾克特立刻抓住了机会。美国第一银行当时的领导，是野心勃勃的杰米·戴蒙（Jamie Dimon）。艾克特做的"财资服务"一般被看作是最无聊的银行业务，也就是确保支票如期清偿、帮助大公司改善现金流之类的工作。"我对我这位老上司说：'你是不是把我扔到了银行的地下室？我是不是进了公司的下水道，再也看不到阳光了？'他说：'相信我，我觉得这个市场即将迎来一些非常有意思的机会。'"

他的老上司说得没错。正是在那段时间，人们开始放弃纸质支票，转向电子支付。科技公司意识到，加入这个流程意味着获得大量潜在收益，由此诞生了类似雅虎支付等多种服务。艾克特所在的第一银行和戴蒙 2004

年推动合并后成立的摩根大通银行认为，在解决让在线支付变得更易接触、更高效的问题上，银行实际处于比第三方公司更有利的位置。事实上，随着世界各地越来越多的人使用宽带网络，银行的关键竞争优势越发凸显。艾克特的团队打造出的数字基础设施，让数百万美国人依靠互联网就能偿还信用卡和汽车贷款。艾克特随后加入总部位于伦敦的全球性银行汇丰银行，在那里工作了 5 年，为汇丰银行开辟了美国的信用卡与借记卡市场。

艾克特最终拥有了更为传统的工作经历和职业路径，他积累了在大型公司工作的经历，还在大银行负责打造创新性支付系统。经过早年的动荡后，艾克特的工作经历说明他有能力在受到高度监管且组织结构复杂的公司中解决数字技术与金融业务交汇的新型业务。他跳过了一丛丛睡莲叶，尽管并不确定未来的前进方向，但他还是带着科技、金融和合规管理等多种工作经验来到了池塘的另一边。他成了帕累托最优型高管，但靠的不是按部就班的长年工作，而是保持开放心态，愿意抓住出现在眼前的各种机会。

沃尔玛就是在这时找到了他。

实际上，沃尔玛的招聘人员联系了 3 次才得到艾克特的关注。他接受了沃尔玛金融服务部门的工作，主要负责沃尔玛自有的信用卡及借记卡业务，同时负责打造公司的电子商务业务。但在 2014 年圣诞节前两个星期，他遇到了一个更大的挑战，公司的首席财务官向艾克特提出了一个请求，而这请求本质上更像是命令。“我们一直在考虑怎样用数字技术改善购物体验的问题，其中的一个体验就是结账，”艾克特记得对方这样说，“我们不知道苹果支付（Apple Pay）或谷歌钱包（Google Wallet）未来会有怎样的发展，但应该有依靠支付手段改善结账体验的方法。在这个问题上你能多想想吗？”

艾克特自然同意了对方的请求。首席财务官在挂电话前补充道："哦，2 月我们要开董事会，所以准备一份 6 ～ 10 页的陈述会很有用。"把一个拥有 230 万名员工、年销售额达到 5 000 亿美元（相当于波兰全国的 GDP）的公司看作陷入危机的新企业似乎不太合理，但在某种程度上，沃尔玛在 2015 年面临的就是这种现实。尽管规模庞大，但沃尔玛在电子商务领域明显落后于亚马逊，在不涉及让消费者走进实体商店、从货架上拿下商品的商业领域，沃尔玛都处于落后位置。多年来，沃尔玛的重点一直是削减成本，亚马逊和其他创新性竞争对手同期已经开始大量投资，尽全力减小网上购物的难度，以改善购物体验。

艾克特认为，移动设备上的创新性支付系统必须成为沃尔玛核心的反击手段，他们需要向数百万名只把沃尔玛看作实体商店的消费者推出移动购物软件。沃尔玛开始前所未有地接受"多渠道"或"全渠道"销售理念。按照这种理念，消费者在网上购物后可以选择在实体店提货或退货，或者在逛完商店后用手机在网上购物，商品会被配送上门。店内销售与在线销售不再有着明确的界限，而是变成混合体。但在 2015 年，沃尔玛不具备做出这种改变的基础设施。

与此同时，越来越多的消费者开始使用手机购物。来自金融、科技和各个领域的公司也推出了众多新产品，希望自己成为电子商务业务的中心。对沃尔玛来说，这是一种威胁，是在制造可能导致其失去控制、无法与消费者直接建立联系的风险。沃尔玛当然不希望苹果或谷歌横亘在公司与辛苦赢得的消费者之间。而亚马逊的核心竞争力之一就是有能力从消费者处收集海量数据，沃尔玛自然不愿意在这方面选择放弃。

艾克特提出设计一个手机应用及配套的后勤系统，这个应用最终被命名为“沃尔玛支付”（Walmart Pay）。它可以成为一个连接点，把人们和沃尔玛购物的不同形式连接在一起，将在线购物和实体店购物融合为一个购物记录，并且与消费者的信用卡或银行账户关联，消费者因此可以更轻松地退货或者保存收据。这可以成为公司大数据战略的重要组成。沃尔玛大数据战略的最终目标，是希望消费者使用沃尔玛支付为远方的亲人汇款或者在沃尔玛的药店取处方药。在不久的将来，消费者也许只需要拎着一篮子商品离开商店就能自动结账，由公司控制的应用程序将在确保这一流程无缝衔接时起到至关重要的作用。

大约一个月过去了，艾克特回归了日常工作。没过多久，他接到了公司 CEO 道格·麦克米伦（Doug McMillion）的电话。“好吧，”麦克米伦说，“我们觉得你在 8 月可以做出一个样本。”艾克特下巴都快惊掉了。他确实为无缝结账设计了一个战略构想，但他既没有资源也没有下属能真正做出这个应用软件。艾克特回忆自己说了“其实我不确定怎么做”这句话，但麦克米伦回答：“我还是希望你以 8 月为目标做出一个能用的样本。”

他们给项目起了 CHICO 这个代号，也就是“进店到结账”（check in to check out）的缩写。艾克特很快组建了一个团队，其中包括负责销售点系统和沃尔玛手机应用的技术人员，过去从未合作过的来自美国加利福尼亚州、阿肯色州和印度的团队也开始通力合作。此外还有负责手机应用用户体验的专家、负责解决与隐私和数据安全有关的法律与监管问题的律师、负责教授 120 万名沃尔玛商店员工使用应用的运营团队、对支付系统和诈骗预防有着深刻理解的员工，这些人的加入让艾克特拥有了一个庞大的团队——一个总数达 330 人的工作小组，核心团队成员有 40 人。

失败的可能性很大。没能交付可用的支付软件就是其中之一，交付一个设计糟糕、消费者不愿使用的软件则是另一种可能。还有一种可能，是他们交出了一个得到广泛应用的软件，但出现了数据泄露，不仅导致公司声誉受损，而且造成数十亿美元的损失。对于沃尔玛这种规模的企业，Facebook 的信条“快刀斩乱麻”显然起不到太大作用。

在这里，我们有必要暂停一下，观察艾克特别样的工作方式。要知道，沃尔玛是一家员工需要花费几十年攀爬传统职业阶梯，才能在僵硬的等级制度中进入更高层级的公司。然而，艾克特接手的大型项目却涉及了全球最大规模公司的长期战略。艾克特的头衔没有变化，名义上他主管的仍然是廉价汇款服务。大多数被调来参与项目的人也不是正式指挥系统中艾克特的下属。实际上，他们是从公司内部互不相关的各个分支部门中抽调出来的工作人员，很多人他过去从未见过。公司董事会和决策层下达的命令非常明确：完成这项工作。

2015 年夏天，他们在本顿维尔组建了 40 人的核心团队。在每天 20 小时的工作时间里，他们废寝忘食，将团队拆分为更小的团队去分别解决不同问题。公司总部被他们占据的单调办公室里很快摆满了白板，白板上很快又出现了各种流程图、公式和代码。团队抓住面对面交流的机会，连续高强度工作了数周，随后分头返回美国加利福尼亚州和印度继续完成各自的工作。

艾克特本人并非软件工程师，他最接近程序员的经历，就是 20 世纪 90 年代在海军陆战队服役期间使用过 Lotus 数据软件。一个名叫布拉德·基夫（Brad Keefe）的人成为应用软件的总设计师。艾克特真正神奇的是能让参与项目的所有人朝同一个方向努力，不论是工程团队发生矛盾，还是一个光总部员工就接近 17 000 人的公司因存在官僚主义限制而提出抗议，他都能在第一时间解决问题。艾克特的任务是理解技术挑战与公司商业目标的交集，确保工程团队朝着正确的方向行进。他需要尊重技术专家，即便不能亲自完成工作也得理解技术问题，还要解决极具争议性的问题，比如沃尔玛员工或消费者是否愿意扫描二维码。

实际上，艾克特必须在没有足够管理权的前提下迅速搭建一个管理架构。“很快那就变成了如何在团队内部再构建团队的问题。你要配备多大的管理权限？怎么管理本顿维尔、西海岸和印度的不同工作流程？”艾克特和团队创建了一个被他们戏称为“超级项目管理办公室”的团队机制，团队由一群持续推动整个团队向目标前进的人组成。团队领导每星期二下午 1 点开会，每星期三还会有“领导行动会”，即有公司不同部门副总裁或高管参加的会议，他们的信任和援手可以帮助团队克服困难。

这种做法取得了成效。艾克特的团队在 2015 年 8 月交出了试用版的沃尔玛支付。按照公司 CEO 的要求，当年 10 月这个程序就在沃尔玛的门店里接受了测试，到 2017 年底，有报道称沃尔玛支付的使用人数已经超过了 Apple Pay。这个应用软件的成功也是在 21 世纪零售业高科技的残酷竞争中，沃尔玛能与亚马逊斗得难解难分的重要原因。

在更为传统的管理框架中，公司可能会正式指派一名高管负责新的支付系统的相关工作。在一行软件代码都没写出前先创造一整套官僚机构，在控制消费者腰包的“军备竞赛”中以让人绝望的慢速向前发展。艾克特也认为，传统方法不可能取得成功。“我找不到更合适的说法，但我们在电子商务中做的事情就是需要这种凌乱的组织结构，因为那是快速前进的唯一方式。如果固守自己的专业部门，你就永远也不会获得理想的发展规模和速度。”

听完艾克特讲述自己怎么从两大洲的三座城市，从不同的上司手中召集了一个由工程师和商务专家组成的团队，共同创造出一个能与地球上最具创新能力的公司相匹敌的产品的故事后，给我留下最深印象的却是将艾克特早期不顺利的职业经历与现在连接在一起的部分。

在海军陆战队服役期间，作为刚从大学毕业的少尉，他也不知道该怎么领导已经在陆战队服役了20年或者更久的老兵。“作为一个21岁的孩子，要领导真正的战斗精英，我还能向他们传授什么专业知识？我几乎教不了他们什么。我的职责就是为他们做的或者没做的一切负责，让他们知道即便失败，我也会支持他们。”

接下来他又获得了推出金融产品、自行创业而失败的经历，也为一家试图把含油工业废水转变为有用物质的公司服务过。这些经历让艾克特能够适应模棱两可的现实，还让他在短期内获得了运营公司的宝贵经验，而这正是走传统职业道路的人不具备的经历。

艾克特回忆，做含油废水公司的工作纯粹是因为没钱。“谁能想到我在勉强糊口的经历中学到了这么多，就是因为处理含油废水？但我现在可以说，我知道什么是重组，知道银行测试是怎么回事。让我意外的是，几乎没有人经历过这些类型的商业互动。一些年轻的同事找到我说：‘我们需要讨论一下这个协议。’然后又说：‘我不知道该怎么做。’接着就想打电话咨询律师。这也给我留下了深刻印象。”

离开本顿维尔时我相信，正是这种曲折甚至荒谬的早期职业经历，反而让艾克特更有能力引领沃尔玛变身为符合21世纪需求的企业。如果他年轻时从银行、零售企业、咨询公司或者科技公司起步，逐级爬升到高层，则无法产生同样的效果。也就是在这时，我明白了史蒂夫·凯斯的意思。

“旧模式很多时候具有局限性，因为适用于旧模式的商业环境已经不存在了，”艾克特说，“商业本身变得更加杂乱。你经历过、接触过更多杂乱的东西，你就越有可能打造出具有黏合力的东西。你可以拿起零碎的部件说：‘我见过这个，见过那个，如果把两个拼在一起，我就能创造出让我自豪的东西。’”

谷歌的前人力资源主管拉兹罗·博克对这个问题的态度也很直率。“回想起来，人们总是在设计‘画直通线’的叙事方式，仿佛能穿透人生的无常，穿透一切随机的经历，”他这样对我说，“实际上，想提前设计好一切非常难。相反，首先你应该寻找你认为能让自己朝某个方向前进的事物，不论是培养能力、树立名望，还是需要认识什么人，不管是什么都可以。其次，机会具体是什么并不重要，重要的是你的努力程度，以及从中获得了什么经验。有了众多经历后，你才能知道不同的经历结合在一起会形成什么。”

尽管如此，在选择跳向哪片睡莲叶、希望将什么样的经历结合在一起而成为帕累托最优型员工时，充分理解工作环境中的经济与技术力量同样具有极其重要的意义。下一章将讨论这个主题，在这之前，我们先讨论大数据对成功职业生涯的意义。

如何建立成长型思维

外界存在很多激励因素，推动我们拥有专门化的职业生涯，不断提高本已擅长的能力。但成为一个能在不同职能部门间游走的复合型人才也有着出人意料的优势。

弥补自身弱点，而非仅仅继续加强优势，最终能够带来收益。

职业梯子的概念已经过时了。比起线性进入顶层，如今成功的职业生涯一般会采用“职业格子”形式，也就是在不同部门间平行移动，甚至倒退，这不仅可被接受，而且通常也是未来晋升到更高职位的关键步骤。

考虑职业机会时，不要只关注晋升机会。了解工作能让你获得什么能力和经验，无论经济形势发生怎样的变动，这些能力和经验都能为你奠定良好的基础，让你获得更多有趣的选择。

将每一份工作都看作“轮岗”的组成部分，每 2 ～ 4 年换一次工作。做每份工作时，你的目标都是完成特定任务，或者获取特定经验和能力。在那之后，无论在现东家还是换一个地方，你都应该寻找新的机会。

训练自己对每一份工作都产生“三年之痒”。做新工作的第一年，你还在摸索；第二年，你能够带来改变；到了第三年，你已经独当一面，这时就该寻找不舒服的感觉，推动自己体验新事物。

这与心理学中常见的成长型思维息息相关。这是一种职业管理世界观，你需要开放的心态，愿意接受新的经历，愿意奔向陌生的领域。

不要把职业生涯中经历的这些步骤看作可以提前设

计的刻板的连续发展的过程。你需要一系列的跳跃，就像不完全确定未来究竟怎样、何时从一片睡莲叶跳到另一片睡莲叶上一样。

在任何一份工作中，对个人长期发展真正重要的都是你从工作经历中得到了什么。经过回顾，你可以从个人职业经历中总结出一条合乎逻辑的直通线。

HOW TO WIN IN A WINNER-TAKE-ALL WORLD

第二部分

建立管理者视角，培养经济学思维

HOW TO WIN IN A WINNER-TAKE-ALL WORLD

第 4 章 善用数据分析提高绩效

我见到布雷特・奥斯特鲁姆（Brett Ostrum）那天，他穿着黑色皮夹克，下巴上留着整齐的山羊胡。他的笔记本电脑上贴着各种贴纸，让你产生一种能够看透机器内部结构的错觉。奥斯特鲁姆让人产生这种想法其实很合理，因为关注内部结构就是他的职责。

在微软位于华盛顿州雷德蒙德市的全球总部，我和奥斯特鲁姆在一间会议室里见了面，当时他的头衔是 Surface 和 XBox 开发部的集团副总裁。他管理着成员多达 700 人的工程师团队，负责制造平板设备、笔记本电脑和游戏机主机，这些业务逐渐成为以办公业务为核心的微软大战略的关键。这是一个异常凶险的行业，微软需要拿出高科技产品，与苹果、三星等对手展开激烈竞争。不过在 2017 年，微软硬件部门的经营进行得相当顺利，外界对微软的最新产品给出了很高评价。科技博客 The Verge 告诉读者，微软的新版 Surface 笔记本是“大多数人心中最理想的微软笔记本电脑”；另一个科技网站“技术雷达”（TechRadar）表示，XBox One S 是“最完美的游戏主机，不仅造型优美、功能强大，而且存储能力强”。奥斯特鲁姆虽然是软件公司里负责硬件部分的人，但他和他的团队付出的努力都得到了回报。

尽管如此成功，奥斯特鲁姆还是从评测微软员工幸福指数的调查数据中预感到一丝危机。

奥斯特鲁姆的员工在大部分调查项上的得分均低于平均值，不低于平均值的部分也仅与平均值相当，其中一个选项的得分大幅度低于标准值。奥斯特鲁姆的员工在工作和生活平衡满意度选项上的分数比平均值低了 11 分，明显低于微软的其他部门。

这是个令人担忧的现象。奥斯特鲁姆的团队中包含各类人才，既有负责电池技术的化学工程师，也有负责设计铰链和外壳的机械工程师，还有确保主机有效散热的热能工程师。奥斯特鲁姆本人初入职场时做的是硅设计工作，他在微软接受的第一个任务，是以电气工程师身份协助设计鼠标。奥斯特鲁姆坚信，制造硬件的团队必须保持快乐和有动力的状态才能有最好的工作表现。如果因为工作导致没有足够的时间陪伴家人，让他们失去个人社交生活，进而导致才能出众、难以替换的工程师流失到竞争对手那里，这将是一场巨大的灾难。

奥斯特鲁姆做了自公司这种体制诞生以来所有面临挑战的经理人都会做的一件事：他召集下属开了个会。可惜的是，奥斯特鲁姆和他的副手们能做的只是猜测，他们根据逸事传闻及个人直觉形成的想法与掌握的真实数据不符。

比如，他们认为因工作需要而出国出差让员工疲惫不堪。Surface 和 XBox 团队成员需要经常前往中国或其他远距离的国家与供应商见面，或者监督生产流程。不出差时，因为时差，他们也经常要在半夜给亚洲或欧洲的供应商打电话。也许员工对工作和生活平衡度的不满，根本原因还是在工作全球化的固有问题上。

可他们遇到了一个问题：将大团队拆分为不同小团队后（有些团队出差及下班后的工作负担比其他团队更重）收集的调查数据显示，上述工作负担最重的团队与不满情绪最严重的团队并不存在有意义的关联。员工似乎能够理解，大量的出国出差和下班后的工作电话是工作的必然要求。

也许不满情绪是因为某些高要求的经理对员工提出了过多要求？这个观点听起来很有道理，可当奥斯特鲁姆按团队逐个查看数据时，他同样找不到关联——强势或宽松的上司，他们的团队幸福指数一样低。

奥斯特鲁姆迷茫了，直觉没有为他带来任何具有说服力的答案。这时，他想起了几个月前自己在高管研讨会上看过的一段演讲。这段演讲提到了大数据收集及分析的革命，这一变革重塑了从奈飞的电视剧推荐模式到电厂制造并输送电力等多个主流产业。微软能否利用自身收集并分析数据的能力解决员工感到痛苦这个谜题？

“我的目标是帮助我的团队了解现实，而不是只关注本能反应，”奥斯特鲁姆表示，“有时本能会错得离谱。”

数据革命，从棒球到人才市场

和奥斯特鲁姆一样，想理解数据对提高人们工作能力起到了什么作用，我们最好从一个在数据收集方面处于领先地位的行业着手，那就是棒球。在世界各地的主流体育运动中，棒球毫无疑问是最注重数据分析的项目。想知道中层管理人员如何从棒球中学习，我们可以看看文斯・詹纳罗（Vince Gennaro）的经历。

20 世纪 70 年代末，詹纳罗还是个刚从商学院毕业的经济咨询师，他的工作就是帮助舒洁纸巾（Kleenex）的制造商金佰利（Kimberly-Clark）公司做出与纸浆和其他原材料有关的市场模型。但他真正热爱的是棒球，他尤其发现，工作中使用的分析工具也可以适用于自己的爱好。在芝加哥大学读研究生期间，詹纳罗曾经设计了一个模型，用于分析纽约洋基队为右手投手卡特费什·亨特（Catfish Hunter）开出的创纪录的 335 万美元薪酬是否合理，评价的标准分别是亨特可能为球队带来的胜利场数和胜利能够为球队带来的额外收入。

在那个年代，所有进行统计分析的难度几乎都很大。比如，进行多元回归分析计算不同变量之间的关系，如今只要在笔记本电脑上用并不昂贵的表格软件进行几毫秒的运算就能完成，但在 20 世纪 70 年代，一个人必须预约使用办公室的计算机，还要亲自输入复杂的、如今已经几乎被人遗忘的编程语言才能完成。詹纳罗总是在半夜其他同事下班回家后，使用公司的计算机做自己的“副业”。

詹纳罗那时发现，绝大多数棒球从业者并不明白，评价一名棒球运动员价值的关键，在于分析他的“边际收益产出”，就像金佰利公司需要确定是否有必要选用更高质量的纸浆或者聘用更多销售人员一样。以卡特费什·亨特为例，根据詹纳罗的计算，在他 5 年合同的第一年，为洋基队带来了额外 7.9 万新球迷的亨特应获得 68 万美元的年收入。[①] 詹纳罗试图将个人爱好变为职业，他把公司命名为“体育计划联合会”（Sports Planning Association），还参加了职业棒球大联盟球队老板会议，试图出售自己的发明创造。《体育新闻》（*Sporting News*）对他进行了报道，并配上了“新评级系统用金钱评价球员价值”（New Rating System Puts $ on Player’s Value）的标题。

---

① 这个数字实际上表明，亨特的薪金过高。洋基队和他签下了一份 5 年合同，其中包括总额 475 万美元的补偿，所以他 95 万美元的年收入高于詹纳罗估算的 68 万美元的边际收益产出。

没有多少人接受詹纳罗的创新。“人们用看三头怪的眼神看我，”詹纳罗说，“名人堂投手诺兰·莱恩（Nolan Ryan）在体育新闻上看到了报道，他很感兴趣，让我和他的经纪人聊聊。他的经纪人说：‘这个东西很有道理，但我不知道球队方面有多少人能理解这个东西。’”

就这样，詹纳罗的爱好仍然只是爱好。后来他进入百事可乐公司，不断晋升，后来又进入了子公司菲多利（Frito-Lay）的管理层。20 世纪 80 年代末，公司推出清凉农场口味多力多滋玉米片（Cool Ranch Doritos）时，他担任了品牌经理。到 20 世纪 90 年代末，詹纳罗已经晋升为管理规模 10 亿美元的汽水部门的总裁。2001 年，他选择了退休。更准确地说，他离开商界，决定用最初的爱好写下人生新篇章。从 20 世纪 70 年代提出创意到 2001 年退休，这段时间里世界发生了很多变化。

当詹纳罗想尽办法利用公司的计算机分析棒球统计数据时，美国堪萨斯州劳伦斯市一个猪肉绿豆罐头食品厂的夜班保安也在认真思考相同的问题。这名退役老兵思考的问题包括数据统计怎么帮助人们理解棒球比赛的输赢、哪名球员对胜利作出了最大贡献以及最大限度地提高胜利概率的合适策略是什么。

这个人就是比尔·詹姆斯（Bill James），他的工作引领了体育界的统计分析革命。对于试图用统计数字理解世界的人来说，棒球可谓天赐之物。一场棒球比赛由众多互相独立的部分组成：一名投手负责投球；一名击球手负责击球，他可能打中或错过投手投出的好球，或者希望投出的球被判定为坏球。棒球比赛的数据样本量相当庞大：一支职业棒球大联盟球队每赛季常规赛要打 162 场比赛，且在尽职尽责的工作人员的努力下，数据统计甚至可以追溯到 19 世纪。到 2017 赛季结束时，职业棒球大联盟总计进行了 214 651 场比赛，投手总计投出近 1 500 万个球，击球手则成功打中了其中的 380 万个。[①] 这与其他运动形成了鲜明的对比。比如足球，因为始终处于运动状态，统计人员很难分割场上所有球员的不同运动，也很难评价他们对进球及阻止对方进球这一终极目标的贡献。直到最近，足球统计数据集中关注的依旧是射门及对射门的防守，导致剩余时间内的活动未能得到有效统计。

尽管有这么多数据可用，但在詹姆斯这个与棒球不存在正式联系的人开始研究前，各支球队都没有真正用好这些数据。比如，衡量击球手的一个重要指标（这个数据目前仍有极高价值，至少受到球迷重视）就是打点（RBI），这是一个衡量击球手能否得分的数据。但能否拿到这方面的好数据，在很大程度上取决于是否有队友已经上垒，这意味着一名球员的打点也是衡量队友表现好坏的重要数据。与此类似，评价投手总是看他们的胜负战绩，但这个数据同样在很大程度上取决于队友当天的表现。

詹姆斯的重大发现在于，棒球中大部分得到公认的理念都可以用理性的数学方法以及大量的统计数据进行测试，而且测试结果可以用生动的语言描述出来。詹姆斯在 1977 年卖出了第一本《棒球摘要》（*Baseball Abstract*），这本书的推出也是他一系列分析统计上创新的开端，而他的这些创新，最终成为连入门级球迷都会谈及的常识。詹姆斯总结到，老观念轻视了一些技能，比如被保送上垒的能力，以及传统策略中对类似盗垒和牺牲短打的大量使用。在一些认为统计分析与场上的比赛同样刺激的体育迷眼中，詹姆斯成了民间英雄。“赛伯计量学”（sabermetrics）这个源自

① 数据来自 Baseball-Reference.com 网站。这个网站的数据源自职业棒球大联盟从 1876 年开始的数据统计。人们对是否应当计算职业棒球大联盟诞生前其他联盟的数据存在争议，而且现有数据存在遗漏。

美国棒球研究会（Society for American Baseball Research）的简称，成为这类方法的代称。

让人意外的是，尽管职业棒球界有很多人是詹姆斯及其他有着类似观点的研究者的粉丝，但这些观点还是经历了很长时间才得到人们的认真对待。甚至当一个球队管理层采纳了赛伯计量学后，他们的故事被写成了畅销书，还被改编成了电影。迈克尔・刘易斯（Michael Lewis）撰写的《点球成金》（*Moneyball*）一书，描写了奥克兰运动家队总经理比利·比恩（Billy Beane）如何用全联盟最低的工资预算打造有竞争力球队的故事。刘易斯生动地描写了比恩如何抛弃传统观念，无视老派球探按照本能和直觉选择球员的习惯，在 2002 年组建了一支底薪低，但成绩非常出众的球队。自刘易斯 2003 年出版这本书后，“点球成金”的意思已经被延伸至“理智使用数据以确定被忽视的人才或其他资产”，其内涵早已不限于体育领域。

但很多人不知道的是，即便被刘易斯写在了书中，并且在 2011 年被改编为电影，比恩 2002 年组建球队的创新方法也早已被新方法取代。整整一代受赛伯计量学影响的管理人员开始执掌球队管理大权，经济窘迫的运动家队的成功吸引了很多人的注意，能够轻松进行复杂数据分析的计算能力开始得到大规模推广。最有代表性的一个例子就是，《点球成金》描述了一个迫不得已用廉价手段组建高竞争力球队的故事，受其影响，资金雄厚的球队开始加入这个行列。其中最为成功的就是波士顿红袜队。以数据为基础做决定不再是绝望时的无奈选择，而是成为任何渴望成功的球队的必选之路。

更具革命意义的发展出现在 2015 年初，职业棒球大联盟的每个球场都用上了名为 Statcast 的系统。这个由摄像机和雷达组成的系统能够记录球场上每个球员在每个回合中的所有动作，并将所有信息转化为数据。过去的数据统计可能只会记录“一名投手投出了时速 147 公里的快速球”“击球手把球打到了右外野”“外野手接住了球导致击球手出局”这样的信息。有了 Statcast 系统后，人们可以准确地知道投手在什么位置投出球和球的时速有多快，可以知道球棒击球时的速度和准确角度，也能知道外野手追球和接球的效率。启用 Statcast 的第一场比赛，一共记录了 7TB 数据——按照詹纳罗的计算，这大约相当于之前记录的 19 万场职业棒球大联盟比赛全部数据的 20 倍。

不过数据并不等于形成观点或结论，能否更有效地使用数据，取决于球队。想知道究竟该给一个上年纪的球员开多少薪酬吗？聪明的球队会明确这名球员最有价值的各项能力，再参考历史记录确定这些能力随年龄变大的下滑速度——纯粹的速度一般最先下滑，但知道球会朝哪里飞的本能通常能保持很久。男性打出长击球所需的力量一般会在进入 30 岁后逐渐下降，但在几毫秒内决定是否挥棒的直觉反而会随着时间推移变得越来越敏锐。只需简单的模型，你就能确定一个 30 岁的中外野手究竟还能打 5 年还是 2 年好球，或者 1 年也打不了，从而给出相应的签约合同。面对一个球队从未遇到过的投手时，你也可以用模型确定究竟要不要派出代打。你还可以根据对方投手的特点确定己方球员的击球成功率，就像奈飞根据你过去的喜好为你推荐电影一样。

我们可以在数据中找到无限可能，而使用每赛季 2 430 场比赛、每场比赛 7TB 数据的时代，才刚刚开始。

随着以数据为导向的决策进入全面发展阶段，已经离开商业界的詹纳罗开始全职投入到棒球数据分析领域。21 世纪初，他开始担任几支球队的顾问，以分析师身份参加电视节目，还在纽约大学教授体育管理课程。他在年轻时的爱好终于变成职业棒球大联盟的必需品，只不过让他等待了漫长的 25 年。在与球队合作、试图充分利用数据的过程中，詹纳罗发现，“点球成金”还有着另外一个维度的更具影响力的作用，这样的影响力甚至可以追溯到他在商业界活动的年代。也许在棒球场上挥棒击球的人可以从 20 世纪 90 年代卖玉米片的人身上学到点什么，反过来，想在 21 世纪的商业界生存并成功的人，也能从在数据革命中获益良多的聪明的棒球运动员身上学到很多。

搞对输入信息，学会对好球挥棒

20 世纪 90 年代末，詹纳罗在百事可乐公司的级别越来越高，他当时管理着美国中西部一个拥有 5 000 名员工的灌装工厂。在这份工作中，如何区分并回馈优秀员工让他备感头疼。管理如此规模的企业，只有战略思维和宏观想法显然不够，战略的好坏，取决于执行者的能力。

这个道理当然也适用于棒球队——痴迷数据的总经理赢不了球，赢得比赛胜利只能靠球员。两者的区别在于，棒球活动一目了然，“成功”有着非常明确的定义，而且计算每个人的贡献值也相对简单；而在商业界，尤其是对知识型员工，这种区分在本质上就带有模糊性。

对从事相对机械死板的工作的人，比如工厂流水线上的工人或咖啡师，我们可以用生产量或接待人数及差错率进行工作评价。可谁能确定一个产品成功或失败的最大原因是某个产品工程师，还是市场营销部门员工起到了作用？谁能确定灌装工厂的值班主任比轻易就能招聘来替换他做同一份工作的人更有价值？在商业界，很多工作并不是一目了然的，而是发生在数千个会议、电子邮件和对话中，其中大部分具有私密性，而且很难判断每一个人对公司的最终成功究竟起到了什么作用。只要看数据统计，就能知道一名棒球运动员是否对球队的胜利做出了贡献，可我们很难衡量品牌经理的贡献。

尽管含糊不清，但詹纳罗还是投入了不少精力，希望将自己用在棒球上的严谨的分析性思维方式运用到食品和饮料管理工作中。

“我大概把25%～30%的时间用在培养人才和深度审查上，”他说，“虽说如此，但其中大部分都是评判性工作，并没有多少量化因素。别理解错了，我们不会随便一看就说‘我有种感觉，这个人没问题’，不是这样的。我们会对这个人的众多特质进行评估，其中一些是主观性的，另一些可以量化，例如他们的成绩导向性有多强，面对挫折他们会如何应对。”

中层经理会按照类似上述标准评估周围的8～10名同事，进而在对员工进行评价时更具连贯性和准确性。这么做的目的，是用明确的成功衡量标准替代本能和直觉。詹纳罗回忆起一个负责管理百事可乐圣路易斯灌装工厂的中层经理面对可口可乐的巨大竞争压力时的表现。“他做出了很好的回应，”詹纳罗回忆道，“他并没有因为竞争而感到焦虑，而是因为竞争变得更加专注，因为竞争而进行理性思考，从而获得了有证据支持的思考结果，这些都是运营企业时最受重视的因素。因此在评估他时，我会把这些事情作为证据写进对他的评估及我们的对话中。”

詹纳罗追求的不仅是用这些信息评估工作成绩、决定一个人是否应该获得晋升或奖金，他更希望利用这些信息提高人们的工作能力，让他们变得更有价值，尽管这些信息算不上完美，而且具有主观性。“这真的是最让我头疼的一个问题，”他说，“太多时候，我们过于局限地只把这些信息用于评估，而没有从发展的角度思考问题。”

詹纳罗的说法也许符合商业界的现状。不过在棒球界，从管理层面改变比赛的数据革命，也开始为球员个人带来改变。优秀的棒球运动员正在利用数据革命提高个人表现水平。

其中的代表性人物就是乔伊·沃托（Joey Votto）。

20 世纪 80 ～ 90 年代，沃托在加拿大多伦多西部长大。他拥有出色的运动能力，但不擅长加拿大的第一体育运动——冰球。后来他在接受采访时表示，因为糟糕的滑冰技术，十几岁时他还被女朋友甩过。他的算数能力也不算强，数学从来就不是他的强项，这就让他日后凭借数据赚到超过 2.5 亿美元变得更有戏剧意味。

尽管冰球打得糟糕，但沃托极擅长击球，凭借这个能力，他在 2002 年高中毕业后就被辛辛那提红人队选中。在小联盟打球时，沃托痴迷于棒球历史上伟大投手的数据，尤其是波士顿红袜队的泰德·威廉姆斯（Ted Williams）。小联盟球员的生活很简单，每次比赛结束坐大巴回到并不光鲜的酒店后，沃托都会观看如巴里·邦兹（Barry Bonds）、托德·海尔顿（Todd Helton）和曼尼·拉米雷斯（Manny Ramirez）这些优秀的击球手当天的比赛录像。

棒球比赛的目标就是比对手得更多分，而得分的第一步就是上垒。上垒有两种常见方式：第一种是挥棒击球，击球手主动跑上垒；第二种是面对 4 次偏出好球区的球不挥棒，这样就能被保送上一垒。[①]

① 现实中存在其他更为少见且击球手难以控制的上垒方式，包括防守球员失误或被球击中。

赛伯计量学家最早提出的一个观点是，从赢得胜利的角度出发，被保送上一垒的价值几乎与通过击球上一垒相当。通过避免被三振出局，一名经常得到保送的球员就能为赢得比赛胜利做出巨大贡献。

但这与老派棒球运动员的精神气质不符，这些人也正是迈克尔·刘易斯在《点球成金》中调侃的一群人。归根结底，保送上垒就是通过不作为而成功，因为没有做任何事（没有挥棒）而上垒，而不是因为做了什么（把球打出很远）而上垒。

毫无疑问，沃托拥有极为出色的击球能力，但他并非凭借击球能力在2007年被征召进入大联盟，也不是靠击球能力在2010年赢得最有价值球员（MVP）奖杯，更不是因为击球而在2012年从红人队拿到了12年2.515亿美元的巨额薪酬合同[①]。相反，他靠的是出众的上垒能力（包括大量依靠保送），他不会急于击球为对方制造出局的机会，从而避免了主队的得分机会提前消失。

“我觉得对击球手非常重要的一点是不对坏球挥棒，学会对好球挥棒。”沃托在2017年秋天接受采访时对我说，“如果我没搞错，我在这方面做得还算不错。”

沃托做得何止“还算不错”。而且根据他自己的说法，之所以能有这么优秀的表现，原因在于他极为关注与自己每次挥棒及每个投手的投球倾向有关的最新统计分析。

从本质上说，沃托对赛伯计量学的学习和运用几乎比所有人都要成功。

---

① 严格来说，这份合同只有2.25亿美元，但这里算上了已获得的补偿。2.515亿美元是合同期限内的全部金额。

作为一个极有耐心的击球手，他拥有一种不同寻常的能力，能够忍住击打偏离好球区的坏球的欲望，让自己留在击球区，最终以成功打出好球或被保送上垒结束。比如在 2017 赛季，沃托的上垒率为 45.4%，在职业棒球大联盟中排名第一。

想象一个好球区，投手投出的球进入这个区域没有被击球手打中就是好球，再将这个区域划分为一个 3x3 的九宫格。沃托会在平板电脑上监控自己在每格的打击率，也会在打击率较低的区域加强练习。沃托的想法就是确保投手不存在将球投进自己打击率较低区域的优势，自己在好球区没有弱点自然会加大对方投手的投球难度。沃托还会监控球离开球棒时的平均时速，研究自己对来自不同方向、进入或偏离好球区的球的打击频率。而这些只是基础，只是沃托愿意对外透露的数据使用方式。“还有很多更具体的利用数据的方式，但我不愿意分享。”他对我说。显然，没人会把自己的拿手好戏透露给竞争对手。

也就是说，对于知道如何利用数据的球员，职业棒球大联盟收集的数据就是一个不断更新的资料库，能让他们了解自己哪里做得对、哪里做得不对，更是一种在 162 场漫长赛季中能让自己做出实时矫正的工具。沃托比大多数人更善于利用数据来提高自身实力。

但运用数据也需慎重，原因在于人们有时会过度解读随机出现的统计波动。如果一名球员在过去 20 次登上击球区后，面对外部曲线球挥棒但未打中的频率达到了不同寻常的高度，那么这究竟是运气不好，还是意味着他需要改变应对比赛的方式？对沃托来说，关键在于忽视小样本的统计波动，除非统计与自己的直觉一致——当他觉得哪里出问题时，他会重视任何能够证明直觉的小样本数据。

“有时候，如果是短暂波动，不管是好是坏，我都尽量不过于重视，”沃托表示，“我想说的是，一方面是直觉，这全靠感觉和我的挥棒，关键在于我对投手、对我自己比赛的整体感觉；另一方面是数据和做出好的选择，你需要退后一步，客观地看待所有问题。如果我觉得有些问题比较突出，产生了特定的感觉，并且有数据支持，我就会尝试做出调整。这种改变会很困难，因为很多时候即便一个趋势已经持续了两周，但样本还是过小。可亲身经历的感觉并不一样。”

数据表明，沃托的做法让他变得更有价值，红人队当然不会随意与他签订那份巨额薪酬合同。2008—2017 年，与“替换球员”相比，沃托一人平均每赛季就能为红人队多赢 5.4 场比赛。所谓替代球员，指的是球队在需要时可以轻松签下的普通球员。当然，数据导向型球员也经常遇到一个挑战——关注能够带来胜利的数据可能意味着忽视传统派重视的其他数据。

沃托在 2013 年就遇到了这样的挑战。他刚刚结束了又一个表现出色的赛季，在“替换球员胜率”这个数据上排名联盟第 17。可他受新一代数据分析师重视的那些优点（也就是上垒、避免被三振出局的能力）却遭到不理解这种做法的人的攻击。特别是作为一个极其出色的击球手，沃托的打点数据出人意料地低——上垒率在大联盟中排名第 2，但打点数据只排在第 64。

根据新一代棒球分析理论，评判一名球员的价值时，打点几乎没有任何价值，这个数据极度依赖周围环境和运气。其他垒上有队友时，一名球员可能拥有更高的打点，但这反过来取决于队友的能力、球队主教练安排的上场顺序以及运气是否好到打中了球。辛辛那提地区的体育台对沃托的批评则更加微妙，他们声称，沃托在击球选择上如此谨慎，总是被保送上垒，这种做法浪费的是可以帮助球队取得更多胜利的分数（以及沃托本人的打点）。他们认为，如果队友在垒时沃托能更大胆地击球，那么他即便自己出局也能让更多队友得分。

“他被球迷们骂了很多年，”体育台主播兰斯·麦卡利斯特（Lance McAlister）回忆道，“说实话，那是我的节目每天都要讨论的话题。”讨论的主题不言而明：沃托的打法非常自私。批评者的领头人就是马蒂·布伦纳曼（Marty Brennaman），他从 1974 年开始就在电视台担任红人队的比赛解说员。“球队给他钱不是让他被保送上垒的，”布伦纳曼在接受《体育画报》（*Sports Illustrated*）的采访时表示，“球队给他钱是为了让他得分。”

打棒球的这些年，沃托在面对媒体时向来少言寡语。他无意打造公众形象，也不愿意和诋毁自己的人争吵。但在 2013 赛季到 2014 赛季的休赛期，他终于受够了，决定为自己的数据导向型策略辩护。

“我强调过，垒上有队友时我也会坚持自己的打法，”他在电视采访中表示，“很多人不满意我的打法，因为我不会像很多人希望的那样挥棒击球，把球打给游击手或中外野手让队友得分。我更喜欢自己上垒。”从本质上说，这是比尔·詹姆斯和赛伯计量学家早期根据经验得到的一个发现：当教练鼓励球员以自己出局换取得分时，他们并没有充分考虑延长比赛时间以及未来得到更多分数的可能性。几天后，《辛辛那提问询者报》（*The Cincinnati Enquirer*）的一个专栏作家再次提及这个话题时，沃托又一次强调了自己的观点。保罗·多尔蒂（Paul Daugherty）问他：“宁愿不出局也不愿创造得分机会吗？”

沃托回答：“毫无疑问。”

后来参加麦卡利斯特的节目时，沃托被问到他会使用哪些统计数据评估自己的表现。既然他对打击率和打点这些传统数据不屑一顾，那么他看重的是哪些数据？

“你知道，我的回答肯定会让很多人抓狂，但我就是忍不住，”沃托说道，“我最重视的大概是‘加权得分制造的额外机会’。”接着他向一脸困惑的观众做出了简单解释。这个数据的建立以比尔·詹姆斯的数据统计发明为基础，被棒球数据狂简称为 wRC+。数据整合了球员每一次安打和保送的价值，并且根据球员打的不同位置做出调整（有些位置比其他位置更容易打出全垒打，而且也需要对一个赛季击球手和投手的整体平衡做出调整）。

当然，棒球与商业界有着天壤之别。沃托在成千上万的观众面前完成工作，他和对手的一举一动都被收集为数据，可供任何人分析。棒球中的胜利和失败有着明确的定义。可与沃托交流时我发现，他用数据提高棒球水平的做法与商界中的职场人利用数据提高自身能力的做法存在诸多共同点。

无论在棒球界还是商业界，可供人们使用的数据数量和分析能力均呈指数级增长。棒球界称之为“赛伯计量学”，商业界则称其为“人事分析”。大部分分析以管理为目的，为的是赢得更多比赛胜利，或者在企业内创造一个高效团队。而任何能从数据及其分析中吸取经验教训的球员或员工，都能在竞争中占得先机。

数据革命在棒球界的发展比在商业界的发展更快，而在利用数据提供的信息这一方面，沃托又比大多数球员更进一步。“沃托算得上这方面的专家，他非常聪明，”文斯·詹纳罗对我说，“这是精英球员的标志之一，他们有适应能力，能够理解数据的意义。”

当我和沃托聊起他对数据的使用时，给我留下最深印象的是他的成功并非源自某些技巧或理论，而是源自一种心态。他对我说：“我关注很多数据统计，但我不会关注结果。”在一个一切都与击球、本垒打和胜利有关的行业中，这似乎是一个悖论。但“输入”和“产出”是两个概念，沃托认为，只要搞对了输入的信息，自然会得到好的产出。

“我对能带来长期成功的数据尤其有兴趣，但我不关注计数统计，我也尽量不去关注评级。”他这样表示。也就是说，沃托更关注自己能控制的基本行为：不击打偏离好球区的球；确保每次挥棒都至少与球产生接触；保证能在好球区的任何区域击球，以确保不存在投手可以利用的弱点。

沃托对数据的利用并非学习一个经验教训并做出改进，而是永远做好学习的准备，在出现新证据时随时做出调整。“我用数据，是为了了解比赛的发展方向，”沃托对我说，“我不想落后于形势变化。我想预测未来的发展并做出调整。”

微软的布雷特·奥斯特鲁姆并不准备打棒球，他只是想管理一个解决复杂技术和商业难题的庞大团队。沃托致力于研究数据并从中吸取经验教训的方法，真的有用吗?

把额外数据变成有用的商业见解

2001 年 12 月 2 日，能源贸易企业安然公司申请破产保护。在那个年代，这是历史上最大的破产案例。安然的破产使商业界陷入动荡，导致了一系列后续事件，其中包括全球五大会计师事务所之一的安达信倒闭，以及美国证券法的重新修订，也就是日后的《萨班斯－奥克斯利法案》（*Sarbanes-Oxley Act*）。对我们来说，最有趣的一件事发生在 2002 年的春天。为了调查，美国联邦能源监管机构收集了安然公司大约 150 个高管 2000—2002 年的所有电子邮件档案，并且公开了这些记录，供所有人查看。最初这些电子邮件的数量约有 160 万封，不过联邦监管机构后来删除了包含私人信息或与商业没有关联的电子邮件（如银行记录、与配偶的对话、旅行预订信息和垃圾电子邮件），最终将公开的电子邮件数量缩减到几十万封。即便安然事件早已成为历史的一个注脚，这份数据对任何研究行业的研究人员来说也仍然有着独特的价值：这是一份丰富、详尽的资源，展现了公司自以为不受监管时其中的众生相。研究组织行为学、语言学和其他学科的众多专家都对这些电子邮件进行了分析。借用《麻省理工科技评论》（*MIT Technology Review*）的一个标题，这些电子邮件变成了商界的海瑞塔·拉克斯（Henrietta Lacks）DNA（拉克斯是一名于 1951 年因宫颈癌去世的女性，她的细胞成为多代生物医学研究的对象）。

安然公司破产 10 年后，一个名叫莱恩·富勒（Ryan Fuller）的人决定换一个新角度利用这些电子邮件。富勒曾是贝恩公司（Bain & Company）的咨询师，他创设了一家名为 VoloMetrix 的公司。而创设该公司源自他的直觉，他认为白领们从纸质办公转向电子办公这一变化创造了一个能够提高管理效率的新机会。

“不久前，一切还都是纸质化流程，”富勒表示，“撰写备忘录的是真实的人。每天你只能和有限数量的人交流或者见面。而电子邮件、电子表格和日历软件这些技术的迅速发展使得知识型员工每天能够完成更多工作。可有了这么多能提高个人生产效率的工具，个人能做得越来越多，但管理工具却没有达到同等的发展速度，这其中显然有一些追赶的工作要做。”

富勒和他的同事认为，如果对 3 个应用软件每天获取的大量数据进行分析，他们就能对员工的生产效率有更深刻的理解。不过他们遇到了类似“先有鸡还是先有蛋”的问题：没有机构愿意向一个新成立的公司交出所有电子邮件或其他数据记录，可没有数据，他们又无法证明自己的理念。“我们提到一个问题：‘为什么至今没有这个东西？’我们觉得可能因为技术原因无法获取数据，或者因为隐私原因得不到对方同意。”富勒说道。

这时，他们发现了安然公司的电子邮件，这些电子邮件早已公开，不存在隐私保护问题。为了证明自己的理论，他们仔细分析了 150 名安然高管的通信记录，证明了 VoloMetrix 的技术可以在不危及个人隐私的前提下确定人们的交流模式。

这个结果足以说服一家拥有 2 500 名员工的公司为 VoloMetrix 提供内部电子邮件和日历系统的元数据，比如召开了多少会议以及会议的参加者信息，还有去除了发件人、收件人和内容信息的电子邮件。富勒回忆，那家公司的 CEO 认为公司存在“开会问题”，也就是说员工把太多时间用在了开会上。富勒和他在 VoloMetrix 的团队对客户提供的数据进行了分析。他们的计算精确到了小数点后，算出了员工用在开会上的平均时间、平均一次会议有多少人参加，还有这些数据因为业务部门及工作类型不同会发生什么变化。他们对得出的结论很满意，可只有这些信息是远远不够的。

“我们很快意识到，这些信息很有意思，但不具备可行性。”富勒说，“他们会说：‘这是好是坏？数字应该更高还是更低？我们和竞争对手相比怎么样？我们现在该做什么？’能够分析数据当然证明了我们的实力，但我们也清楚地意识到自己需要更深一步，帮助公司理解如何对待这些数据，如何在这些数据的基础上采取行动。关键问题在于，我们怎么把一个有趣的科学项目转变为真正具有吸引力的业务。”

富勒和几个同事在西雅图创业时，几公里外的唐·克林霍弗（Dawn Klinghoffer）也在思考同一个问题，但他的角度和富勒全然不同。

克林霍弗在大学读的是数学专业。她先是在保险业担任精算师，1998 年进入微软的财务部。在这里，她的工作极为棘手，要在不同部门间分配成本与营收，以便精准计算各个业务部门的盈利或亏损。2003 年，一个同事向她提出了一个让人意外的提案。微软的人力资源部正在想办法提高评估、分析 5.5 万名员工的能力，克林霍弗加入了一个试图解决这个问题的团队。“幸运的是，我们的一个仓库里存有 15 年的人力资源数据。”克林霍弗表示。但她很快意识到，自己遇到了和富勒一样的问题：“和数据有关的报告是很好，也能告诉你公司内部正在发生什么，但不会告诉你原因，自然也不会深入到使你理解影响工作表现的行为及其原因了。”

举个例子，按照微软内部的传统观念，想取得长久的成功，有野心的管理人员需要有在国外工作的经历。可通过分析数据后克林霍弗发现，没有证据支持这个说法：总体看来，有国外工作经历的高管后期取得成功的概率并不比留在微软总部的人高。但她和同事也发现了一些有趣的现象：被派往国外工作的管理人员在回国几个月后的离职率出人意料地高。他们因此得出了一个有用的结论：公司没能让从国外工作回来的高管不间断地参与有意义的工作，而是让他们在回到总部的几个月时间里处于不知所措的状态，竞争对手会在这段时间趁机挖人。“接受国外工作的人回国后会被晾上大概 6 个月，等待新工作出现。我们觉得，如果要花钱送他们去国外工作，就最好准备好一条迎接他们回来的路。”

后来他们又通过同一套与职业路径和人事变更趋势有关的数据发现了

两个有趣的现象。第一，内部调动对公司和员工来说都是好事，被调至公司内部的其他部门时，人们对工作一般会更加专注，最终让自己成为更有价值的员工。我认为这个现象进一步支持了非线性职业路径有助于一个人成为帕累托最优型员工的观点。第二，尽管调动存在积极作用，但他们在调查中发现，员工宁愿辞职离开微软也不愿意接受内部调动。

在克林霍弗的团队提供了这些数据后，人力资源部门开始思考如何改变上述模式。他们意识到，公司的政策很有可能是造成上述问题的元凶。

按照微软的规定，你必须在当前职位上工作 18 ～ 24 个月，才能申请公司内部的其他职位。而且在接受新职位面试前，你必须征得现任上司的批准。可人们在公司外部寻找新工作机会时，这些规定显然就不存在了。这意味着对一个寻求改变的人来说，这创造了明确的动力让他只考虑外部机会，而不考虑在微软内部的调动。于是微软对这些规定做出了改善，内部调动率因此明显提高。

以上两个案例只是把关于职业路径的数据与衡量未来成功的标准（比如在公司任职的时间长度）结合在了一起。不过克林霍弗坚信，这种分析还能发挥更大的作用，毕竟，微软是全球最大的办公电子邮件和日历软件制造商，这些程序不可避免地生成大量元数据的“额外数据”，即公司所有员工如何使用个人时间的数据。她能想办法使用这些数据吗?

2015 年，克林霍弗接到了微软一位商业开发高管的电话。“嘿，我们准备评估一家和生产效率与分析有关的公司，”这位高管说，“我知道这是你的工作，所以你能不能来参加会议，帮助我们对这个公司做出评估？”

这家公司就是 VoloMetrix。富勒参加会议时，他以为自己参加的是推销会议，自己需要说服微软允许他们接入员工数据，并付费购买 VoloMetrix 根据数据得出的分析结果。实际上，微软是在暗中观察，最终他们收购了 VoloMetrix，于是，富勒和克林霍弗成了同事。富勒和克林霍弗都设想利用电子邮件和日历这些软件，从微软 11.8 万名员工制造出的额外元数据中形成真正有用的商业见解。如今，他们可以携手实现这个目标了。

经过数据检验的实用经验

有一种使用数据的粗略办法，就是在电脑中输入数百个变量，寻找其中的相关性。这种数据挖掘的风险在于，你只能得到信息，而无法形成有用结论或观点。如果上班早的人更能写出长邮件，这并不等于两者之间一定存在关联，也许只是啰唆的人恰巧喜欢早到而已。

优秀的数据科学家，就像自然科学和物理学的同行一样，拥有利用数据证明观点的方法论。他们首先提出一个需要解答的问题，然后形成假设，比如早到的人生产效率更高，接着用数据进行测试，了解是否有证据支持或反驳之前的假设。具体到克林霍弗和富勒的工作，他们就是要将电子邮件和日历生成的元数据（无关具体信息和日程安排，只关注交流与开会模式）与微软内部成功或失败的模式建立起联系。

如果想知道一个公司内的什么行为能在未来带来成功，那么首先需要对“成功”做出定义。他们总结道，对管理人员来说，成功意味着员工的高投入度、实现销售和营收目标等。

思考现有数据能协助解答哪些问题时，克林霍弗与富勒也发现了其他可能解决的问题。比如，从生产效率出发，工作日是否存在最理想的工作时长？销售人员究竟应该与少数客户建立深度联系，还是与大量客户建立表面上的联系？

这就相当于乔伊·沃托寻求理解哪些行为与最终成功之间存在关联性，并专注于自己能够控制的活动。每个微软员工都可能希望获得晋升，或者取得更高销售业绩，就像所有棒球运动员都想赢得更多比赛的胜利一样。问题在于，你可以利用哪些个人层面上的数据提高机构的整体成功率。能否高效地回答这个问题，就是让职业棒球运动员获得上亿美元薪酬的合同、让一个人在微软这样的公司得到晋升的关键。

经过几年的努力，克林霍弗和富勒提出了一些非常有效的理论，这些与微软高效经理人行为有关的理论经受住了数据的检验。这些年来，我们可以在微软内部的多个部门找到符合这些理论的潮流。这就是沃托注重“上垒”且尽一切可能避免出局的做法在商业界的对应表现，这些经验教训经受住了各种分析的检验。

努力工作，但不要过于努力。一个引人深思的发现是，工作时间的安排方式是具有传染性的，这可以通过员工何时使用电子邮件或进行日历预约确定的工作时长体现出来。领导做什么，员工一般也会跟着做什么。如果经理的每周工作时间超过标准的40小时，他的员工对工作也会更为投入，工作时间也会相应延长。可如果走向极端，比如经理经常晚上和周末加班，那么就会带来负面影响。员工的工作时间可能也会变长，并且在调查中，他们的投入程度会下降。“在我们调查的一个公司里，经理在正常工作时间外每花1小时处理电子邮件或开会，都会导致直接下属的工作时间增加20分钟，这种阶梯状关联会出现在整个机构中。”

与员工一对一见面。定期召开全部门会议似乎是优秀领导力的展现，但这种做法与成功管理之间几乎不存在关联。与此形成对比的是，经常与员工一对一会面的经理人，即便会面时间短，员工也更有可能更关心工作，进而取得更大成功。“如果能定期和经理一对一交流，员工就会认为自己拥有更多职业机会，大概因为他们在与经理见面时会谈论这些问题，”克林霍弗表示，“而且和较少与经理见面的员工相比，他们也更愿意接受反馈。”

始终致力于在公司内部构建人际关系网。事实证明，认识公司不同部门的人不仅对中层管理人员具有重要意义，同样也能对这些管理人员的下属起到帮助作用。在微软内部，如果上司拥有广泛的人际关系网，那么其下属通常也能拥有更为长久的职业生涯，人脉广似乎具有积极的感染性。“员工人际关系网的规模、深度和广度与他的工作表现、工作投入度以及其他多个结果之间存在关联，”富勒说道，“总的来说，人际关系网越大越好，人际关系萎缩意味着可能出现坏事。这也合乎逻辑，人就是社交动物。”

除了以上具体建议，让人印象最深的还是科技，也就是大数据的崛起，让 20 世纪 90 年代的詹纳罗在工作中渴望但尚未成熟的理论真正变为现实。

克林霍弗和富勒在微软内部大力提倡使用上述方法。2017 年，他们在一个度假村里面向公司最高级别管理层对这个方法及其潜力与隐患做了阐释。当时的听众之一，就是布雷特·奥斯特鲁姆。

理解数据背后的真谛

当奥斯特鲁姆带着问题找到克林霍弗和富勒时，两个人看到了使分析工具产生新用途的机会：他们可以找出为什么 Surface 和 XBox 部门与微软其他部门相比有那么多对工作和生活平衡感到不满的员工。机构分析团队着手分析了 700 名员工的电子邮件与日历数据，试图确定核心问题并找出解决方案。

团队首先确认，“国际电话与出差是引发不满的主要原因”这个最初观点站不住脚。通过对比不同团队的电子日历，再将这个结果与满意度调查测试进行对比，分析团队否认了最初的结论。“答案是否定的，”奥斯特鲁姆说道，“看数据时，我们发现去国外出差并非是对工作和生活平衡感到不满的驱动因素。这不是影响大局的原因。”

为了测试其他可能，分析团队首先明确了哪些团队的工作和生活平衡感最差，再研究他们的工作模式与处于平均或更高水准的团队存在哪些差别。他们在日历和电子邮件数据中搜索，希望找到不开心的人与其他人的差异点究竟在哪里。

问题似乎一定与正常工作时间以外的工作有关，否则员工怎么会出现不满情绪、给工作和生活平衡感打出低分？可无论怎么研究数据，他们都无法在工作时间外有大量工作的人与不开心的人之间找到相关性。分析团队的工作是一个不断重复的过程，他们需要对出差、休息时间的工作电话、上司的要求与通过分析数据之间的关系而得出的各种结论进行测试。数据是共同性语言与测试，能够以更为中立的形式对不同的直觉反应做出测试，其中绝大多数结论都没有经受住考验。

不过，有一个直觉反应得到了数据支持：人们因为开会而耗费了大量时间。分析员工的日程安排时，他们发现硬件部门与微软企业拥有较高工作和生活平衡度的部门之间的区别不在于开会时间更长，也不在于休息时间需要参加更多会议。

分析团队发现，不满意的团队每周用于开会的平均时间为 27 小时，但他们真正突出的特点是参会人数通常更多：一般是 10 ～ 12 人围坐在大会议桌边讨论计划，而不是 2 ～ 3 人共同思考问题的解决方案。

前往中国工作、半夜打电话，这些都不是问题的根源。接受了这种工作的人似乎都能接受这样的工作方式。问题在于他们的上司用大型会议挤满日程，减少了需要集中个人精力（比如坐下来认真思考并尝试解决问题）完成任务的时间。

不过棒球队很早就证明过，只有数据是没用的。但在数据的帮助下，高管可以向员工提出更有质量的问题，从而了解他们不满的根源，用更为客观的信息检验自己的答案。员工抱怨，他们需要下班后用个人时间赶上工作进度，就是因为上班时间安排了太多没有实质意义的会议，而这些怨言也得到了日历和电子邮件数据的佐证。

对奥斯特鲁姆而言，这个观点绝不限于理论。事实上，他的一个直接下属既对工作和生活平衡度感到不满，也对一个星期有 27 小时大型会议感到不满。幸运的是，分析结果中暗含着解决方案。

奥斯特鲁姆和领导团队决定解决问题，他们意识到自己就是超负荷的主要原因，因此需要最先做出改变。奥斯特鲁姆和分析团队向受到影响的经理展示了数据，说明了他们的看法，敦促对方对会议安排进行自我审查，做出必要的艰难选择，确定哪些会议具有实质意义。对于员工，他们鼓励员工在日历上留出时间，专注于解决过去因为开会而被推迟到晚上或周末才能进行的工作。只需要在日历上标明独立工作的时间，就意味着他们能在工作时间真正进行这些活动；如果在日历中留出空白，同事就更有可能要求在那段时间开会。

接下来，奥斯特鲁姆选择追踪事件进展，而分析所得的信息也帮助他落实了解决方案，就像沃托每场比赛都在平板电脑上研究自己在各个区域的击球成功率一样，这些数据在商业界帮助了奥斯特鲁姆。

“每周我都会接到通知，上面写着‘你的一周这样度过’。”奥斯特鲁姆表示，“上面显示了你有多少专注时间，你收发电子邮件占用的休息时间有多少。每个人都会收到这样的通知，有时看到自己周末和晚上花了那么多时间处理电子邮件确实让人惊恐，所以这是好的提醒。”

就像很多人用类似 Fitbit 的健身应用监控自身健康活动一样，微软在 2018 年年中推出了名为 MyAnalytics 的应用。作为办公软件的一部分，MyAnalytics 会在人们表现出不够理想的习惯时以窗口抖动的形式进行提醒。这个应用可能发出各种提醒，比如“上个星期你在超过 40% 的开会时间里发送了电子邮件”，或者“每个星期有 30% 的会议是重复会议，审查这些重复会议，确保合理利用时间”。

沃托的成功并非源自对数据分析的一次性使用。任何时候，面对环境的改变，人们都会不断进化，因此我们也需要不断重访旧问题、提出新问题。正如奥斯特鲁姆的经历，我们在这方面的研究才刚刚开始。未来几年需要解决的重大问题，就是培养员工获得沃托那样利用数据分析的能力。

和棒球界的情况类似，并非所有人都喜欢“人类表现可以简化为数据”这个概念。想在这种环境中取得成功，关键在于关注数据透露的信息，并研究这些信息。最重要的是，培养自己的分析和解读能力，去真正理解数据背后蕴含的真理。

如何善用数据分析提高绩效

计算机的爆发式发展为我们创造了更多机会去研究人们的工作方式和在工作中取得成功的方式。

尽管这样的工作主要由高管进行，且目标是帮助公司取得更多成功，但就像棒球运动员利用先进的数据统计分析提高赛场比赛成绩和自身价值一样，个人也能从公司的行为中吸取经验教训，提高自身工作表现。

优秀的棒球运动员并不是只关注最终结果，而是关注个人可控的输入信息，随着时间推移提高成功的概率。与此类似，寻找能够告诉你哪些行为可能在未来带来成功的数据，并争取相应行动。

比如，一家大型软件公司从大数据中总结出了可用于其他商业环境的实用经验：

- 一周工作时间存在 40 ～ 50 小时的“甜点”区。工作时间远超这个数字的经理，特别是在晚上和周末大量加班的经理，更有可能拥有工作不那么投入的下属。
- 如果你是经理，你需要经常与直接下属进行一对一的谈话。即便时间很短，这样的会面也更有可能让下属和你在未来取得成功。
- 兢兢业业打造自己在公司内部的人际关系网。认识的人越多，你就越有可能感到快乐，越有可能取得成功。
- 保持开放的心态，从数据和分析中了解自己的工作表现。这些结果并不总与你的直觉相符，听起来也可能有些刺耳。

HOW TO WIN IN A WINNER-TAKE-ALL WORLD

第 5 章 用 CEO 的视角评价自己的工作

20 世纪 90 年代中期，苏珊·萨尔加多（Susan Salgado）和她当时的男朋友每周末都会乘坐 2 小时大巴，从美国宾夕法尼亚州的伯利恒市（Bethlehem）前往纽约市，去一些优质餐厅吃饭。萨尔加多在位于伯利恒市的理海大学（Lehigh University）攻读 MBA 学位，同时她也是学校的员工。他们尤其钟爱联合广场咖啡馆（Union Square Cafe）和格莱梅西酒馆（Gramercy Tavern）。这两个位于联合广场公园北部、相距仅几个街区的饭馆在纽约美食圈内有着不小的影响力。两家餐馆不仅提供摆盘精美但又不是徒有其表的美食，而且也为乘坐大巴从宾夕法尼亚州赶来的学生提供高质量的服务，在那个时代的纽约顶尖餐馆中，这种情况并不多见。两家餐馆的老板都是丹尼·迈耶（Danny Meyer）。

1999 年，萨尔加多和她现在的丈夫搬到了纽约，她在纽约大学斯特恩商学院攻读博士学位，研究组织行为学。修完大部分课程后，萨尔加多开始着手准备论文课题。她对实地调研更有兴趣，而不是局限于纸面上的数据，她想研究一家公司究竟能在多大程度上为客户提供真实且稳定的体验。在她看来，迈耶的餐馆是很好的案例。

塔布拉（Tabla）餐馆是迈耶餐饮帝国的新成员，专攻印度美食。一天晚上在这里吃饭时，萨尔加多看到迈耶孤身一人站在那里，观察餐馆里的景象。萨尔加多读过和迈耶有关的报道，多年来也经常光顾他的餐馆，但两人从未见过面。她走到迈耶身边，做了自我介绍，告诉他自己在这些餐馆吃饭的经历，然后提出了一个提案：为了写博士论文，她能否研究迈耶的公司、了解这个总能赢得美食评论家和热情粉丝称赞的小型餐饮经营帝国的内部工作机制？

根据萨尔加多的回忆，迈耶的态度比较谨慎，但他也产生了足够的兴趣，因此邀请萨尔加多和自己的合伙人见了面。经过几次讨论，迈耶和合伙人同意了萨尔加多的请求，但他们建议，要想真正了解工作机制，萨尔加多就要全身心融入企业的运营之中。于是在 1999 年 11 月，萨尔加多成为联合广场咖啡馆的预订服务员，在后厨的一个房间里，她每天工作 8 小时，负责接听电话，聆听纽约人想在这个最热门的餐馆预订桌位的强烈欲望，学习迈耶如何熟练地在不伤害对方感情的前提下拒绝对方的要求。8 个星期后，萨尔加多开始担任餐馆领位员，向迈耶学习问候客人并让他们宾至如归的独特接待方式。之后，她又跟踪观察了服务员、传菜员、酒吧服务员和其他人的工作方式。

这些实地调研让萨尔加多最终完成了一份长达 161 页、题为“优质餐厅：在高度竞争行业中创造无与伦比的优势”（Fine Restaurants: Creating Inimitable Advantages in a Competitive Industry）的博士论文。萨尔加多的主要发现是，通过在员工中创造的企业文化，迈耶的公司在竞争极度激烈的纽约餐饮行业获得了长久的竞争优势。她表示，迈耶的公司里总是存在积极正面的反馈意见。当员工带着尊重与同理心面对同事和消费者时，他们的工作会更加出色，也为消费者创造出在其他地方可能享受不到的高质量体验。转换成学术用语就是：“这家公司的成功，原因在于在不同餐馆中创造出了独特、有价值且一致的核心身份认同，同时不同餐馆又有着不同的战略身份认同，使得各个餐馆在不同的利基市场保持竞争力。这种体系的可持续性源自管理层成功设计并转移核心及战略身份认同，并且在机构实践中能持续支持并保持上述认同。”

这个故事本可以以这篇博士论文为结局，萨尔加多本可以进入商学院成为管理学老师，但她爱上了餐饮业，爱上了联合广场餐饮集团的工作方式。公司当时正处于迅速扩张的前期，迈耶刚签下一份合同，要在现代艺术博物馆（MoMA）旁边开一家餐馆，他正着手建立一个餐饮服务公司。此外，他还在麦迪逊广场花园开设了一个热狗摊，参与其中的人当时还不知道，这个热狗摊日后将会发展成迈耶最大的产业，也就是现在的快餐品牌 Shake Shack 汉堡。

萨尔加多研究过其他运营良好的公司，也见证过这些公司在扩张时出现的企业文化崩塌，因此她担心联合广场餐饮集团不能在继续增长的同时保持那些让餐馆取得成功的特质。“我的假设是，丹尼已经有了一套体系或组织结构，使得他能有效将企业文化转移到新餐馆，”萨尔加多告诉我，“但这个假设完全不对。联合广场餐饮集团的一切文化都是因为丹尼，但这是不可持续的。我说，如果你想继续发展这个餐饮集团，你就需要搭建一个支持企业文化的基础，否则就会出问题。”萨尔加多觉得自己也许能帮助迈耶，于是完成博士论文后，她放弃学术生涯进入迈耶的公司，头衔为“文化与学习总监”。

在接下来的 15 年里，联合广场餐饮集团从 4 家餐馆扩张到 16 家，这还不包括热狗摊的发展。Shake Shack 汉堡脱离母公司后公开上市，2018 年底已经在全球拥有 188 家分店。

我们倾向于从成功的企业家，特别是白手起家的创业者角度看待问题。毫无疑问，迈耶关于饮食和客户服务的观点让人信服，但一个人的眼光所能起到的作用是有限的，而迈耶与纽约无数持续能力较差的餐饮从业者的区别在于，他有能力将个人远见转换为可制度化、可复制的做法，传播到不受个人控制的区域——即便在萨尔加多刚刚加入时，他并不完全明白自己是如何做到的。迈耶本人可能不会这么说，但公司的成功最终还是要归结为对基础管理经济学的理解与运用。

反过来，这又让迈耶的职业生涯成为绝好的案例，值得任何进入商界的人研究。在职业生涯中，我们都会被他人管理，很多人日后也会成为管理者。自己拥有良好的管理水平，或者为管理能力出色的人工作，都会为我们带来巨大收益。

创造体系，而非督促工作

1985 年迈耶创立联合广场咖啡馆时，希望为纽约带来新型的餐馆。纽约市有不少提供美食的高端餐厅，其中很多属于法式传统餐厅，不仅价格高昂，有着诸多要求，而且服务态度也不算热情。还有一些社区餐馆，环境更温馨、服务态度更好，但菜品一般。迈耶希望将自己在巴黎和罗马旅行时的体验搬到纽约，就像他在回忆录中写的那样，他想把“精进的技术服务，体贴、亲切、好客的态度，还有触及食客灵魂的烹饪技术”搬到纽约。

迈耶的餐馆一经推出便大获成功。从创业初期开始，如何应对预约和用餐的需求就是让人头疼的问题，而迈耶很快意识到，免费赠送一杯红酒能极大地缓解顾客等位时的焦虑心情。外界的赞誉纷至沓来。《纽约时报》1986 年初的一篇正面报道让联合广场咖啡馆的营业额猛增了 60%。在创业过程中，迈耶也在学习如何成为经理人。作为一个事必躬亲型的老板，迈耶亲自面试所有员工，包括最低级别的勤杂工。其他人可以利用技术能力筛选候选人，但对于一个人是否具有做好工作所必备的情商，例如看出一桌客人究竟高兴还是不高兴，从而提供略有差异化的服务，帮助出版公司高管成功进行上午的会议，帮助第一次约会的情侣消除尴尬或者帮助多年好友重聚更其乐融融，迈耶只相信自己的判断。

迈耶和团队为后厨设立了系统化流程，也为服务设计了技术性指标：厨师需要写下食谱，食谱不能只停留于大脑，他们制定了一份详细的手册，以确定餐厅的设计布局、需要留出多少时间让客人选择鸡尾酒、何时送上一小碗橄榄等。但迈耶不希望服务员和领位员读完手册后机械地执行服务步骤，他希望他们学会即兴发挥，为客人提供温暖、难忘的服务体验。那时，整个餐馆的招待业务仍然显得很凌乱，且依赖员工的临场发挥。

“实际上我的意思是，我在选演员，我知道自己希望聘用什么人，知道自己寻找的是什么情感能力，”迈耶对我说，“但我还没有用语言总结这些情感能力，那时只是一种直觉。我说不出‘以下是我们需要寻找的六种情感能力’这样专业的招聘用语。我只是根据对方给我的感受决定是否聘用。”

在 9 年时间里，迈耶一直想办法让联合广场咖啡馆变得更完美，而对再开一家餐馆却没有多少兴趣。他的父亲经历过破产，小时候的迈耶近距离见证过父亲的痛苦。“那时我大概 10 岁，”他回忆道，“我把他的破产和过度扩张联系在了一起，因此我在很大程度上回避成为大老板，也不考虑扩张。”有意思的是，父亲去世后，迈耶发现了一个难以拒绝的机会。汤姆·克里奇奥（Tom Colicchio）是一个意气风发的年轻厨师，他想开办一家餐馆，在小酒馆式温暖的环境中提供美食。他与迈耶志趣相投，一拍即合。1994 年，格莱梅西酒馆开业，立刻引起巨大反响，收获了大量关注。开业那周，《纽约》杂志除了在封面上标出四星高分外，还配上了大字："下一个伟大餐厅？"，他们还这样写道："这是联合广场咖啡馆价值 300 万美元的衍生产业，本周开业。"[①] 一方面，这是开餐馆的人梦寐以求的免费广告；另一方面，对于一家还没正式卖出一盘菜、可能需要 1 ～ 2 年才能真正发展起来的新餐馆来说，这些宣传又给人一种捧得过高的感觉。

迈耶虽然只运营两家餐馆，但他仍感觉到一丝不对劲。"虽然两家餐馆之间的距离只有四个街区，但我还是忙得晕头转向，"他说，"每当返回一家餐馆，另一家就像离开了中心点一样。我在那家餐馆时一切都好，可当我前往另一家餐馆时，我就不得不纠正那里做错的事情。最让我困扰的是员工对待彼此的方式，以及他们和客人交流的方式。"

迈耶随后分别开了麦迪逊花园 11 号（2011 年出售给其主厨和总经理）和塔布拉（2010 年关门），可即便如此，上述状态仍在持续。迈耶 1999 年就是在塔布拉遇到了苏珊·萨尔加多，那时问题仍未得到解决。

萨尔加多在论文中提出，迈耶餐馆的成功靠的是"三角凳"理论。他们聘用优秀的员工，公司拥有良好的体系与组织结构，而且保持着良好的工作环境。这三个因素无法孤立存在。如果没有良好的工作环境，招聘流程再出色也没用，优秀的员工要么辞职，要么让工作环境变得更加糟糕。如果领导者无法创造能让员工投入并取得成功的环境，其他方面再出色也

---

① 彼得·卡明斯基（Petter Kaminsky）发表在这期杂志上的文章《当他已经有三颗星星时，为什么还要月亮》，讲述了迈耶和克里奇奥协商格莱梅西酒馆租约、雇用员工等经历。文章提出了一个让很多人记忆深刻的大胆承诺，根据迈耶回忆，这导致一些客人在最初几个月里对酒馆感到失望。

无济于事。“他们有着很强的体系化组织，”萨尔加多对我说，“一切都有体系。他们知道每个客人是否点过酒。在联合广场咖啡馆，我们把旧菜单剪开做成纸片，如果一桌客人餐后要去电影院，我们就会把一张纸片放在桌子上的盐罐下面，于是所有员工都知道这桌客人要去看电影。我们会保证他们按时走进电影院。”

可只有流程是不够的，只有搭配良好的工作环境和企业文化，这些流程才能有效运行。

2018 年初在格莱梅西酒馆吃饭时，萨尔加多和我谈起了这些事。尽管这家餐馆已经开门营业了 24 年，但仍座无虚席。服务员给我们端上了当日的开胃小菜，在开始享受大餐前先吃点零食。这个开胃小菜里有略加腌渍的柠檬、绿橄榄和酸奶，下面垫的是店里自制的饼干。几分钟后，另一名服务员又端上了两种开胃菜。肯定有人搞错了，上错了菜。我问萨尔加多原因可能是什么，以及可能发生什么后果。

“有两种可能，”萨尔加多说，“要么是第一个服务员送完小菜后没有在电脑上输入信息，要么是第二个服务员记错了上菜的桌子。但真正重要的是，第二个服务员是否回到厨房去了解了情况。”这种上错菜的情况发生在有害的工作环境中时，无论谁做错了都会第一时间去掩盖犯错的事实，以避免被上司训斥。这种做法会导致问题难以得到解决，未来很有可能重复出现这种问题。萨尔加多表示，而在联合广场餐饮集团，具有同理心和信任的企业文化意味着做错的服务员不必担心做错后被上司责骂，故而更有可能坦白自己的问题。联合广场餐饮集团的“三角凳”理论重视各角齐心协力，携手合作：谁也不喜欢被上司训斥，所以优秀的服务员更愿意留在这里，而不是去一个有着不同企业文化的地方工作；当一个人承认错误时，更有可能出现的结果是对体系和流程的微调，以确保未来不再出现重复上开胃菜的情况。优秀的企业文化能够强化高质量的招聘流程和优质的体系，反之亦然。

以文化与学习总监身份加入公司后，萨尔加多致力于使上述流程正规化，使迈耶即便无法亲自与员工见面，这些方法也能复制到其他工作环境中。实际上，萨尔加多的工作重心就是将迈耶不愿意做的事确定并形成体系。

“我刚加入时，迈耶必须参与每一个决策，”萨尔加多对我说，“蓝烟餐馆（联合广场餐饮集团 2002 年开设的一家烧烤餐厅）的牛胸肉要提价 50 美分，总经理也必须先征得迈耶的同意。这一度让他感觉无力，因为他没有那么多的精力。”于是他们坐下来商量，制定了一份清单，将商业决定分为三个类别：迈耶必须参与的决定；需要通知迈耶但不需要他提出意见的决定；可以授权给其他人、不需要通知也不需要咨询迈耶就能由别人做出的决定。

迈耶必须学会控制自己，避免事必躬亲，特别是面对审美细节问题时。每次走进自己的餐馆，他的第一冲动就是向员工指出可以改进的小问题，比如墙上的一幅画略有倾斜、一组灯光亮度过高，这会为餐馆运营带来混乱。当迈耶向一线员工指出问题时，餐馆的员工不得不停下手头的工作，为了取悦大老板而解决他提出的问题，餐馆经理的权威因此受到损害。迈耶应该学会只向餐馆经理提出装饰装修或其他方面的问题，后者可以根据轻重缓急分配资源，解决最重要的问题。

萨尔加多领头设计了一系列培训课程，并在集团总部可以俯瞰联合广场的办公室里搭建了一个教室专门进行培训。他们的重点不是基层员工，而是中层管理人员，也就是总经理、助理经理一类的员工。随着公司规模越来越大，他们就是迈耶的服务理念与餐馆中投放的产品之间的连接线。高效服务的技术环节并非这些课程的焦点，不管怎么说，每家餐馆提供的服务各不相同，比如蓝烟餐馆的技术细节与联合广场咖啡馆几乎没有任何相似性。“如果不持续谈论这些话题，规模越大，人们就越难记起其中的重要性，”她说，“公司中的领导者需要知道自己究竟承担了什么角色，不只是管理，还包括让其他人有工作的欲望。管理好任务，做好授权分派，确保体系正常运转，这当然属于管理工作，可如果让员工愿意更进一步、更高质量地完成工作，就需要真正的领导力和激励能力。我们关注的就是领导力中的情感部分。”

萨尔加多将根植于迈耶大脑中的理念转化为公司所有中层管理者都能参与的正式课程。课程中有很多模拟训练，中层管理者可学习到如何应对潜在的难题，比如惩罚不断犯错的员工、提前注意到情绪不佳的客人、在前台工作人员与后厨员工不可避免地出现矛盾时做出调解。①

教授并信任中层管理人员的理念也延续到了财务方面。在快速扩张时期，罗恩·帕克（Ron Parker）是餐饮集团运营部门的主管，他曾经梦想成为明星大厨，也在纽约几家最好的餐厅做过厨师，但他最终还是选择了监管餐饮或其他活动这一更稳定的工作。比如在加入联合广场餐饮集团前，帕克曾在美国网球公开赛期间负责管理过 46 个特许零售摊位。他就是帕累托最优型管理人员，不仅精通高端餐饮，也熟知工作流程。我们大概很难找到既会做布包鹅肝又会用 3D 设计软件为厨房设计高效工作空间的人。

① 2009 年，他们甚至在联合广场餐饮集团旗下开设了全新业务，为其他有意提高客户服务能力的公司提供咨询服务，萨尔加多是管理合伙人。2017 年，她离开联合广场餐饮集团，开始独立提供组织行为咨询服务。

回忆公司的成长发展路径时，帕克强调了授权中层管理人员，即餐馆总经理和助理经理的重要性，公司需要收集足够的数据和其他信息，才能理解业务的各个环节。成功的老板或运营者倾向于囤积各种信息，以保证自己在需要做出重大决策时，成为解所有相关信息的人。可领导具有一定规模的公司的关键点之一，就是信任其他人，并让他们掌握相关信息。

"我希望在初入职场时接受这样的培训，而不是靠自己摸索，"帕克表示，"我的一贯理念是：不管是行政总厨还是餐厅经理，我希望更多的人能够接触财务数据。这样一来，你就能推动业务发展，而不是业务推动你去发展。就算离开这个行业，你也会读损益表。那些仍然不想让其他员工了解餐馆盈利情况的老板，我为他们感到悲哀。你应当希望他们了解餐馆的盈利或者亏损情况，只有这样，他们才能对你的业务起到积极影响。"

这种透明性也与收入相关。公司确定了一系列薪酬级别，帮助员工更加明确晋升前景，让他们了解承担更多责任后能多收获多少回报。帕克认为，重要的是让人们理解，即便是非常优秀的糕点师，即便拥有高超的烹饪技巧，可基于甜点收入在高端餐厅的收入中只占 3% 的现实，他的收入仍然会低于行政总厨。"这是能让人顿悟的'啊哈'时刻，如果已经拿到了所在职位的最高收入，你要么为自己达到最高级别感到骄傲，要么更进一步，可以扩充自己的专业技能，让自己创造更多价值。"比如，除了在一家餐馆参与日常的工作外，在全公司范围内牵头做更多的工作。

和迈耶交流时，给我留下最深印象的是他在从一家餐馆的创始人成长为大型餐饮帝国领导者的过程中所吸取的深刻经验教训。很年轻时他就对创建餐馆的基本原理有着清醒的认知，比如聘请最优秀的厨师、装修设计恰到好处、为客人创造恰到好处的用餐环境等。也有很多有着同样技能的人在 20 世纪 80 年代成功地创建了餐馆，但迈耶的不同之处在于，他能够创建一整套基础设施，从而帮助其他员工更高效地工作。

对于其他有意在与餐饮完全不同的行业中打拼的人来说，他们可以在迈耶由单打独斗的创业者成长为大型公司 CEO 的经历中吸取很多有用的经验教训。

让自己的工作更有价值

所有现代机构均由特殊结构的金字塔型中层管理人员运营，比如团队领导者、部门主管、地区副总裁等。是否在一个合适的经理手下工作，可能决定了你究竟热爱还是痛恨一份工作，决定了你究竟会成为公司内部的超级明星，还是有可能被裁员。尽管有很多公司开始重视回馈并支持不需要监管其他人的工作也能做出高价值贡献的“个人贡献者”，但在管理金字塔中不断上升、管辖越来越多的下属仍然是攀上更高职业阶梯（或职业格子），获得更多职权、金钱回报及其他福利的最有效途径。

在为写本书而采访众多高管时，我反复听到一种观点，就是在如今不断变化的商业环境中，理解行业的经济结构和所在公司的经济形势具有非常重要的意义。无论具体做什么工作，你个人能为公司的盈利做出什么贡献？某些工作的答案显而易见。假如你是律师事务所的初级律师，你的贡献就会用收费咨询时间来确定：小时数乘以单小时收费额度，再减去雇用你所需的管理费用，得出的结果就是你对公司的贡献。

可一个中层管理人员的贡献究竟是什么？他们仿佛永远扮演救火队员的角色：需要撰写员工绩效评估，严厉督促员工上进，或者在其他人需要发泄怒火时成为耐心的听众。一周工作结束后，中层管理人员可能完全不知道自己创造了什么价值。假如你是软件开发人员，开发产品就是你的价值；可如果你只是负责监管由 10 名软件开发工程师组成的团队，而自己从没写过一行代码，那么你创造的价值是什么？引用 1999 年的喜剧《上班一条虫》（*Office Space*）里一名咨询师对一名倒霉的中层管理人员提出的问题："你会怎么描述自己在这里的工作？"

想理解这个问题的答案，我们就要先了解一点商业史。

在 19 世纪中期，那时还不存在我们如今熟知的"管理"概念。在之前的历史中，即便在最先进的经济环境中，所谓的商业也不过是在一个地方生产少量产品，一个知道所有员工姓名的老板负责管理一个工厂或农场。举个例子，1470 年的美第奇银行（Medici Bank）是那个时代财力最雄厚的金融机构，他们的员工总数为 57 人，其中仅有 12 名经理。而如今，一个在偏远地区经营的中等规模的银行，其员工人数甚至有可能突破 1 000 人。1776 年，伟大的经济学家、哲学家亚当·斯密在《国富论》中用一个大头针工厂解释了劳动力如何增加价值的理论。值得注意的是，在亚当·斯密解释工人专业化的生产潜力的案例中，他写到 1 名工人 1 天也许能造出 1 个大头针，而 10 名专攻大头针不同生产流程的工人 1 天可以生产约 48 000 个大头针，从而将 1 名工人的工作效率提高了 4 800 倍。当然，如今我们几乎找不到 1 名老板只监督 10 名工人工作的工厂。亚当·斯密无论如何也想不到（只是举例而言），一家有着数百名员工的工厂在 1 名工厂经理的监管下 1 个月可以生产数 10 亿个大头针或缝衣针，而这个工厂经理又要向工业集团中负责缝纫物品供应的执行副总裁汇报工作，同时这家工业集团的总部则位于数千公里外，股东更是来自世界各地。

大型企业在多地拥有办公场所，而且基层劳动力与所有者之间存在多级别中层管理人员，这种变化趋势的根源在于科技变化，尤其是能源、运输和通信方式的变化。商业历史学家小艾尔弗雷德·钱德勒（Alfred D. Chandler Jr.）在他 1977 年出版的《看得见的手：美国企业的管理革命》（*The Visible Hand: The Managerial Revolution in American Business*）一书中讲述了这一变化，这个书名自然是在向亚当·斯密“看不见的手”这一概念致敬。在亚当·斯密的时代，生产协作几乎完全通过市场交换完成。独自工作或者有小型团队的裁缝从 10 人大头针工厂购买大头针，再从小型纺织工厂购买布料，一次做成一件西服；而纺织工厂则从小规模农场主那里收购羊毛。这套简单的体系最终得到了更为复杂的操作流程的补充：大型公司的产品与服务在获得聘用的职业经理人的监督下，在内部市场实现转移。

上述转变开始于铁路的出现。“管理这些企业的人成为美国最早的现代商业管理人员。”钱德勒这样描述 19 世纪中期管理美国及西欧铁路的人，“所有权和管理行为很快实现分离。修建铁路所需的资本规模远超购买一个种植园、一个纺织厂甚至一群羊所需的资本。因此，一个创业者、一个家庭或者一小组投资人几乎没有能力拥有一条铁路，而大量的股东及其代表也无法管理铁路。行政工作量庞大、内容各异且相当复杂。只有拥有特别能力、接受过培训、领薪水的全职经理才能做这样的工作……和种植园监工或纺织厂代理人相比，铁路经理更多地把这份工作视为终身职业。很快，绝大多数铁路经理的思想中就形成了终身攀爬行政阶梯的概念。”

在电报、电厂及其他需要大量资本投入、分布地域广泛且需要大量称职经理人的行业出现后，上述模式得到了不断重复。正是这种创新，让西尔斯·罗巴克公司（Sears, Roebuck and Company）在小型家庭商店时代成为零售业巨头，让亨利·福特的汽车公司不再只做小修小补的工作，也让 20 世纪初的通用电气从托马斯·爱迪生的实验团队发展成向数百万家庭提供电灯和其他家用设备的超大型企业。我们可以从那个时代其他先进的经济环境中找到更多的例子。英国在这方面的发展较慢，原因可能在于国内市场规模较小，增长相对缓慢，而且商业界各阶层思维古板、固守传统；德国在消费品发展上落后于形势，但在金属及先进工业产品的发展上走在了最前列。不过到第一次世界大战开始前，未来供人们求职的、结构复杂的大型公司已经成为市场主流。

在管理资本主义发展的早期，很多与管理有关的研究都是将工程原理运用到管理工作中，试图提高工人的工作效率。弗雷德里克·温斯洛·泰勒（Frederick Winslow Taylor）是工业工程学的奠基人，也是早期管理咨询师，更是 20 世纪末大力推广"科学管理"概念的重量级人物。可在泰勒和继承了他理论的人看来，管理工人意味着像对待机器一样对待人，他们需要想办法找到组织并运行这些机器的最优办法。泰勒用人工装卸生铁块举例，这种生铁块是制造钢材的原材料，"这个工作极其原始而初级，我坚信，我们可以把一只聪明的大猩猩训练成比任何人类都更为高效的生铁搬运工。"泰勒在 1911 年这样写道。他表示，使用科学原则也能极大地提高劳动者的工作效率。泰勒讲了美国宾夕法尼亚州一名荷兰裔工人的故事，他给这个人起了"施密特"的假名，研究人员后来发现，这个人的真名是亨利·诺尔（Henry Noll）。在泰勒的故事中，他问施密特是否愿意成为一天挣 1.85 美元的"高价工人"，而不是满足于一天挣 1.15 美元。施密特给出了肯定回答，泰勒（态度傲慢地）用荷兰口音重现了施密特的回答："好啊，那我想成为高价工人。"但泰勒对施密特说，想挣到这么多工资，"明天开始，从早到晚，这个人让你做什么你就做什么。当他让你搬起生铁块走动时，你就搬起生铁块走动；他让你坐下来休息时，你就坐下。明天一天你都要这么做，而且不能顶撞。别人要求做什么，高价工人就做什么，不能顶撞。”通过要求施密特完全按照“科学管理”的方式工作，泰勒将一天可以装卸的生铁块从 12.5 吨增加到了 47.5 吨。他用秒表记录工人的工作时间和动作，了解工人完成任务时可能出现的任何低效或不必要的拖延。

如今，我们仍能在现实中找到泰勒主义的影响，比如公司如何优化车间内的布局。当联合广场餐饮集团的罗恩·帕克牵头设计餐馆的厨房时，他就选择遵循泰勒主义。他回忆设计第一家 Shake Shack 的厨房时，尤其强调要设置更多汉堡面包烤盘，这样就能一边做汉堡肉饼一边烤面包，平均每份订单能节省 1～2 分钟时间。可若要把这种机械式的“科学管理”应用在任何非机械、难以预测和管理的领域——21 世纪的几乎所有服务行业，你就要小心了。找出哪种计算方式最简洁、哪种市场营销策略最明智，或者怎样在高端餐厅提供持续稳定的高质量服务，这些与如何最高效地装卸生铁块完全是两回事。

在 20 世纪最后几十年里出版过大量著作的管理学家彼得·德鲁克（Peter Drucker）在 1959 年提出了“知识型员工”的概念，用来描述对现代企业发展具有关键作用的一类员工。20 世纪 40 年代，通用汽车隐瞒了一名高管拥有博士学位的事实。在当时的企业界，拥有如此高学历是件丢人的事。到 1967 年，符合现代标准的计算机技术处于萌芽期，德鲁克预见性地写道，使用计算机进行分析并做出判断的能力，将成为未来商界人士成功的决定性特征。在接下来的几十年里，他不断完善管理行为中知识型员工是现代企业中坚力量的理论。

2005 年，在德鲁克去世前出版的最后一批书中，他集中关注了一个基础性变化。“‘下属’越来越少，即便在相对较低等级的工作中也是如此。

越来越多的是‘知识型员工’。知识型员工不是下属，他们是‘伙伴’……平心而论，这些伙伴都是‘下属’，因为他们在被聘用、解雇、升职、工作评价等方面都需要依靠‘老板’。可在他们自己的工作中，只有这些所谓的‘下属’承担起自我成长的责任后，他们的上级才能发挥作用……换句话说，他们的关系更像交响乐团里的指挥和乐器演奏家，而不是传统的上级和下属关系。”

假如丹尼·迈耶说出上面这些话，我不会感到意外。德鲁克提出，要像对待志愿者一样对待知识型员工，他们需要了解公司的使命并真正信服，才能“发挥每个人特有的专长与知识水平”。这可能就是经理人的共同主线，也就是遵循泰勒主义的拿着秒表的工头与遵循德鲁克主义的交响乐指挥家这两种类型的管理人员之间的联系。在管理资本主义世界，经理人应该做什么？他们要做的，就是提高职位低于自己的员工的工作效率。

工作效率本身就是个有些微妙的概念。通俗地说，我们会用“富有成效”去描述异常努力、完成了很多工作的一天。从经济学角度出发，“富有成效”指的则是带来重大不同。

在经济学家看来，劳动生产率就是工人投入生产的单位时间里得到的经济产出，即每小时工作能得到的结果。

评价工作效率的关键并不是一个人表现出来的努力程度。我们都见过压力一直很大但什么工作也没完成的人，也遇到过工作时间最短但取得了重大成绩的员工。

鉴于这样的关系，经理人可以采用多种方式提高公司的工作效率。在如今的管理资本主义时代，运用范围最广的方法就是以能获得最大商业成功的方式组织并激励员工。录用接受初级培训或经验较少的员工，设置一系列流程，帮助他们取得比孤立工作时更多的价值。把一些有价值且独具匠心的产品系统化，使其具有可复制性。

丹尼·迈耶和联合广场餐饮集团的成功之处就在于此。他们提出了“开明的待客之道”理念，设计出流程将这个理念运用于餐饮集团。他们真诚地认同这个理念，真心认为自己创造出了对员工、客人和投资者更好的餐馆经营之道。但从经济角度出发，企业文化是一个难以被复制、难以在整个公司的所有员工中创造可持续优势的策略，萨尔加多在她 2003 年的博士论文中也指出了这个问题。联合广场咖啡馆里服务员的工作，可能与纽约数百家定价和菜单相似的餐馆完全一致。但数千种运营选择的复杂结合，使得联合广场咖啡馆里坐满了更加开心的客人；这意味着员工平均工时的销售额更高，进而意味着更高的工作效率。

让自己的员工更有价值，也就是真正提高他们在经济意义上的价值，这应当成为经理人的工作原则。其他的一切，比如数不清的与管理有关的书籍和文章，解决的都是技术层面的细节问题。若要成为优秀的经理人或以优秀经理人为目标，那么第一步就是理解上述事实。有时，你能在商学院和管理培训课中了解这个现实，有时则是在新英格兰寒冷冬日里一场失败的政治竞选中认清现实。

赢家通吃，强者恒强

美国的政治竞选与快速变化的创业公司有着微妙的相似性。两者均建立在个人（竞选中的候选人及公司的创始人）理念和野心的基础上，必须筹集资金，从一无所有发展到拥有众多员工和复杂行政等级的机构，且最终目标都是击败竞争对手。其中最大规模的机构拥有巨大的体量，比如希拉里·克林顿 2016 年的总统竞选团队就拥有约 800 名员工。

21 世纪初，就是在这样的创业公司中，一个年轻人用相当沉重的方式了解了管理经济学。马特·麦克唐纳（Matt McDonald）当时只有 24 岁，还在摸索自己的未来。他加入了简·斯威夫特（Jane Swift）的竞选团队，后者是共和党成员，准备参加美国马萨诸塞州州长竞选。麦克唐纳很快意识到了两个问题：第一，他的工作量大到几乎不可能完成；第二，想要完成目标，他就需要帮助。“我有无穷无尽的工作要做，问题只是选举日前你能做完多少，”他说，“永远有新的选举人需要联系，永远有新的故事角度需要推出，因此我已经诞生了‘如何利用时间、更高效完成工作’的想法。”

这个问题的答案就是实习生。麦克唐纳前往附近学校，从大学共和党社团中寻找志愿者。这些人基本没有与选举有关的技能，但充满热情，也希望借此让个人简历变得更漂亮。麦克唐纳教他们如何监控新闻报道、录入投票人联系方式，或者保持竞选机构运作。“如果人们的期望是你需要在相应时间里完成 110% 或 120% 的工作量，努力就可以了，”麦克唐纳表示，“可如果期望是完成 200% 或 300% 的工作量，那是不可能完成的任务。”但通过招募志愿者并进行培训，麦克唐纳让完成 200% 甚至 300% 的工作量变成了现实。他只有 24 岁，但他却让级别低于自己的人实现了在其他地方无法取得的更高的工作效率，将志愿者用作倍增器，帮助竞选团队创造了更多价值。

斯威夫特的竞选并不成功，但麦克唐纳后来加入了乔治·W. 布什、阿诺德·施瓦辛格及约翰·麦凯恩的竞选团队。布什当选总统后，麦克唐纳曾在白宫任职，后来也进入过麦肯锡咨询公司。但 15 年后，在 2017 年 6 月的美国首都华盛顿，他在早年间失败竞选活动中获得的管理经验教训再一次得到了验证。

大约 12 个年轻人，在白宫附近一栋办公楼里的办公室里围绕着会议桌坐了下来。这些人都 20 岁出头，大多数刚从知名大学毕业。他们都是刚刚进入汉密尔顿战略咨询公司（Hamilton Place Strategies）的新员工，麦克唐纳是这家公司的合伙人，在打造公司战略方面扮演着重要角色。

我们可以在华盛顿或其他国家的首都找到很多类似汉密尔顿公司的公共关系事务所。他们的主要工作是帮助企业客户将公共政策转向有利于企业自身发展的方向，特别是寻求媒体关注。他们分析政策问题，设计公关通稿和媒体文章，构建同盟，或者试图将客户的观点纳入公共讨论。麦克唐纳通过介绍影响新人未来职业生涯的经济形势开始了新人培训。

“我们来聊聊这里的成长机制，以及我们对此的看法。”麦克唐纳说道，“在专业服务领域，你的产品就是你的时间。就是你在付出的时间里能创造多少产出，公司以及公司员工收入提高，就是提高了净生产效率。因此，你们在这个星期接受的所有培训、学到的所有东西，背后的动力都是公司的商业模式及经济环境。无论进入什么专业服务公司，无论他们是否明确做出这个表示，都是这个道理。”

他对汉密尔顿公司及相似公司的组织架构进行了阐释，也说明了支持这些公司发展的经济基础。位于最底层的是分析师和助理，主要完成分析数据、撰写政策备忘录这样的工作，一个项目 50% ～ 60% 的工作由这些人完成。处于中层的是主管和高级主管，担任项目经理，监督对一个客户的日常服务，一个项目 30% 的工作由他们完成。主管之上则是合伙人，他们的工作是带来生意，同时监管对多个客户的业务，想让整个公司的商业模式有效运转，合伙人只需要承担 10% ～ 20% 的工作量，比如前期知道项目发展方向，最终进行审查确保工作质量达标。

就像麦克唐纳在 2017 年 6 月的那个早上说的那样，这个经济结构决定了人们的薪酬结构和晋升之路。

“如果你为两个客户服务，每个客户每月付给我们 2 万美元；如果第二年你还是在为每月付给我们 2 万美元的两个客户服务，你的经济背景或角色就不会出现变化，”麦克唐纳表示，“不管职位还是收入，升迁的途径要么是让客户为你支付更多费用，要么是服务更多客户。随着你的工作效率越来越高，而且开始监管其他做这些工作的员工，你会提高公司整体的生产效率。我们谈论培训和团队合作，这都是好事，但我不想让你们产生错觉，以为稀里糊涂、只靠好人缘就能做工作了。这是我们公司的商业模式，以及几乎所有专业服务公司的固有特质，这就是行业的经济现状。”

麦克唐纳在另一次采访中举了个例子。“假如现在你需要 40 个小时才能做好一个 20 页的幻灯片，到了第二年你只用 10 小时就能完成同一个幻灯片，那你不再是只为 2 个客户服务，而是为 3 个客户服务。当你进入下一个区域，不仅能更快地做好幻灯片，而且能为其他人提供建议、指导并指明方向，你就是在为 5 个而不是两三个客户服务，你的收入就会越来越高，承担的职责也会越来越多。”

“我经常看到有人抱怨：‘喂，我在 X 位置上已经干了 5 年了，到现在也没得到晋升。’我会说：‘过去 5 年发生了什么变化？你在自己的工作上的效率和价值提高了吗？’”

想在汉密尔顿公司获得晋升、增加收入，本质上就是要成为帕累托最优型员工。擅长写作和沟通的人需要强迫自己提高数据分析能力，比如从彭博商业信息库里调取某行业信息，利用微软 Excel 做分析，得出有用结论。拥有多种能力的人需要培养专业能力，比如成为某公共政策领域的专家，按照客户的意愿以特有角度向媒体传播观点。

换句话说，晋升的要求不是积累更多的工作年限，而是利用工作时间成为能向客户提供最多价值的员工，成为一个能够评估更多初级、低薪员工工作的项目经理，将刚刚走出大学校门的有潜力的人培养为合格的帕累托最优型员工。这比管理无须专门培训的生铁块搬运工要复杂得多，而且管理形态更接近彼得·德鲁克的理念，而非弗雷德里·泰勒的。但两者的经济背景并非完全不同。

阿什莉·史密斯（Ashley Smith）2010 年毕业于美国得克萨斯州达拉斯市的南方卫理公会大学（Southern Methodist University），主修金融，有意搬到华盛顿生活。于是她申请了汉密尔顿公司的实习生职位，具体工作内容是代理银行业的一个客户。她很快得到晋升，成为最初的一批助理。起初，她主要做的是行政性工作，比如收集新闻报道、整理报道不同主题的记者名单等，随着积累的经验越来越多，她被委托了更多复杂的工作，比如为客户起草新闻稿或谈话要点。这类工作是公关公司的主要收入来源，很多以这些工作开启职业生涯的人或多或少都会在很多年里做着同样的工作。

但麦克唐纳和他的合伙人却对汉密尔顿这类公司的未来有着更宏大的设想，而史密斯融入其中，成为 T 型员工。麦克唐纳等人的设想是将传统公共关系与政策分析结合在一起，他们认为可以教年轻的、收入较低的员工如何进行上述分析，从而在成本不变的前提下为更多客户提供更有价值的建议。实际上，通过提高初级员工的生产效率，即提高他们的经济价值，麦克唐纳等人将分析与沟通能力结合了起来并使其变得具有复制性。就像过去将一群不拿工资的竞选实习生打造成高效团队一样，麦克唐纳用同一种方法打造出专业服务公司，这与丹尼·迈耶将自身作为餐馆经理人的神奇能力转变为可在数百家餐馆复制的工作流程并无二致。

“随着客户规模及数量的提高，所有工作变得更加体系化和标准化，”史密斯表示，“很多企业文化都是在工作过程中学习的。马特教我们如何量化定性信息，如何用可量化的方式向客户呈现这些信息。”

有一天，史密斯摆动着数据表，分析不同政策结果对一个客户可能产生的影响，筛选客户提供的原始数据，将大量数据转变为条理清晰的分析结论，并依据上述信息为客户准备行动建议。做这些工作时，身为前麦肯锡咨询师的麦克唐纳就站在她身后。

“我们正在考查改变发生的概率，以及在不同场景下对客户业务的负面影响。”史密斯说道，“我记得有一个周末，我想重复前一天的工作，这样就能在未来再次重复这些工作。”果然，史密斯很快就能独自完成同样的工作。经过一段时间后，她还把这一技能传授给了新加入公司的初级员工。公司实际上变成了一台机器，把类似那年夏天参加培训的新晋员工和技术相对不熟练的大学毕业生，转变为可以为世界上最大规模公司提供巨大价值的有用人才。

而麦克唐纳及其合伙人通过初级员工的能力赚钱，同时将自身专业能力应用在更广泛的领域，这对他们的收入有益无害。不要把提高员工生产效率的行为看作自私或压榨，生产效率的提高对劳资双方都有好处。生产效率高的员工可以升迁并获得更为丰厚的报酬。在公司的最后几年里，史密斯管理着 4 名新人，传授给他们同样的工作流程和企业文化。而她本人的年龄不过 25 岁左右，几年前，公司的经理人还站在她身后，一步一步地指导她如何使用电子表格进行分析。

史密斯职业生涯的开端可能只是华盛顿的一家小型公关公司，可在公司组织架构的帮助下，她获得了类似于顶级管理咨询公司中分析师的能力，为日后寻找工资更高的工作打好了基础。她后来获得了纽约大学商学院的 MBA 学位，2018 年我和她见面时，她已经在华尔街顶尖投资银行工作了。

也就是说，无论你在领导其他人，还是在寻找职业生涯的落脚点，汉密尔顿公司的经验均可适用。

假如你是经理人，成功之路就是寻找能够提升员工能力的方法，透明化内部晋升标准，并且想办法将复杂工作拆分为可复制、可由初级员工执行的不同部分。假如你正在找工作，你应当积极寻找拥有上述企业文化的公司——在这样的公司里，你才能获得指导，在合适的领导手下成为更有价值的贡献者，而且随着职位升高，你也能获得更丰厚的薪资，为公司和未来的员工创造更多经济价值。

值得补充的是，汉密尔顿公司为史密斯提供了一些未来无论做什么工作均能适用的经验教训。“当离开公司时，我在协助培训员工，指导他们，做起了导师，”史密斯表示，“这段经历让我明白，掌握了自己该做的工作后，如果指导比自己级别低的人，你的升职速度会更快。”

从某种程度上说，史密斯很幸运，能以这样一份工作开始职业生涯。她承认，自己算是误打误撞找到了这份工作。但是，当说到如何创建优秀管理流程，使员工提高工作效率，进而拥有更好的职业发展并获得更多收入时，我们可以找到大量证据，证明并非所有公司都能有良好的表现。

尽全力进入管理水平最高、最成功的公司

当尼古拉斯·布卢姆（Nicholas Bloom）在 20 世纪 80 年代初的伦敦长大时，他异常痴迷《大富翁》这款桌面游戏。也许从表面上看，他痴迷的是赚钱，可真正让他着迷的，不是想办法让自己赚一大笔钱，而是理解赚钱的机制。

在牛津大学获得经济学博士学位后，布卢姆进入麦肯锡咨询公司。2003 年的一天，哈佛大学知名的战略教授迈克尔·波特（Michael Porter）在伦敦政经学院发表演讲，谈及英国的竞争力。演讲的听众包括伦敦政经学院教授约翰·范·雷内（John Van Reenen）及麦肯锡伦敦分公司的合伙人约翰·道迪（John Dowdy）。两个人碰巧坐在一起，并且针对波特“大战略在竞争中的重要性远高于管理细节”的论断进行了讨论。两个人均认为管理机制实际上具有重要意义，而糟糕的管理实践也许会拖累英国经济。道迪和雷内也谈到了如何对他们的理论进行验证。

道迪在麦肯锡负责监管的一个项目，就是在考查优秀管理实践的效果。这个项目需要调查大约 100 家公司的管理实践，并将这些实践带来的经济成果进行对比。做具体执行工作的就是布卢姆，当时他正准备离开麦肯锡公司进入伦敦政经学院，也就是雷内工作的地方，布卢姆因此得以成为咨询界和学术界的桥梁。

学者们倾向于把管理看作在机场书店里向大众卖书的“管理大师”们的专攻领域，很少有人认为这是一个需要正规数学模型和严谨学术分析的学科。“我会在研讨会中讨论和管理有关的论文，可当人们看到标题中出现

‘管理’的字眼时，你的智商在他们的心中立刻就会减少 20 分。”布卢姆开玩笑地说。他补充道，美国人在心理上会自然而然地为带有英国口音的人加上 15 分的智商。“所以我的智商大概减了 5 分，但愿随着研讨会继续，这两种刻板印象会被打破。”

尽管如此，他和范·雷内还是认为，如果能将麦肯锡的调查方法用在更广泛的范围内，他们也许能对管理方法的运行方式及效果形成更有深度的想法。假如拥有足够的数据，也许我们能一次性地解决这个问题：一些公司的优秀管理方法中，是否存在其他公司不具备的秘密武器？

他们制订了一个计划。他们雇人（事后证明，是兼职的 MBA 学生）采用“双盲法”对世界各地中等规模公司的经理人进行结构性的电话调查。采访人并不知道被采访人公司的情况，这是防止他们先入为主；被采访人只会对谈话目的有一个大概了解，知道自己参与了一个和管理实践有关的研究，这是在鼓励被采访人诚实地回答问题。但他们不知道，采访人会仔细倾听他们的回答，在 18 个管理实践问题上对他们的公司从 1 到 5（最差实践到最佳实践）进行打分。比如，“结果管理”是 18 个问题之一。根据采访内容，假如对一个公司实践的最确切描述是“没能实现一致同意的目标不会带来任何后果”，那么这家公司在这个问题上的得分是 1 分。如果描述是“没能实现一致同意的目标会导致弱点环节的重新培训，或者将当事人调至更合适的岗位”，那么这家公司的得分是 5 分。

为这个调查研究打好基础，本身就是不小的管理挑战。在高峰期，他们在伦敦办公室有 40 名负责采访的人，说着各种各样的语言，为了配合采访对象所在时区而在非工作时间工作。布卢姆本人也体会到了管理众多员工的困难，“有几个人喜欢胡闹，他们整天上网查体育比分。其他人因为和他们拿同样多的钱而生气。”这是一份艰苦的工作，员工在一整天时间里可能只能完成两个 45 分钟的采访，剩余时间都用在追踪并说服被采访人接受采访，而这个过程本身也存在主观性。不过每次采访结束时，采访人得到的结果，都是一个公司在最佳管理实践上的得分。研究人员已经从数据库及公开申报信息上了解了该公司的财务情况。

掌握了这些信息后，他们可以进行各种各样的分析，比如管理良好的公司与管理糟糕公司的财务状况对比，以及不同国家间的管理实践存在哪些不同。第一组调查于 2004 年进行，4 个国家的 732 家公司接受了调查。布卢姆离开伦敦政经学院后加入斯坦福大学，当我在那里和他见面时，他们已经完成了约 25 000 次采访，覆盖了 35 个国家。

研究人员从这些调查中找到了很多有趣的发现。当然，管理实践得分最高的公司，资本回报率通常较高，破产的可能性也较低。以竞争强、收入高著称的国家通常拥有最高质量的管理实践，比如美国、德国、日本和加拿大；而竞争弱、收入低的国家，管理实践的质量通常也比较低，比如意大利、葡萄牙、印度和巴西。有意思的是，在一些管理质量平均得分较低的国家中，位于其境内的跨国公司的分公司明显表现更好，这意味着公司可以“出口”优秀的管理技术。布卢姆和他的共同研究者得出了重要但笼统的结论，这些结论是理解现代经济职业发展的关键。

优秀的管理行为就是一种技术。就像熔化钢铁或测试机器零件的新技术一样，优秀的管理行为可以在不同公司被采纳、得到推广。最佳管理实践就位时，决定公司业绩的员工的生产效率就会提高，和管理较差的公司相比，每个人都会变得更有价值。更高的生产效率是获得更高回报的重要前提。

此外，布卢姆和范·雷内的研究显示，即便在同一个国家、同一个行业，也会分布各式各样管理良好及管理糟糕的公司。在另一组研究中（布卢姆也在这个研究中做出了贡献）显示，这与如何对待职业生涯有关。

大量证据表明，某些公司在全球经济中逐渐拉开了与其他公司的差距。这些“超级明星”公司的盈利能力更强，员工收入也高于行业中的其他公司。我们会在下一章仔细阐释这些论据及其影响，但当我询问布卢姆，他的研究与管理在塑造生产效率方面承担的作用是否存在联系时，他明确表示两者显然存在联系。

理论上，世界上总是存在运营情况更好的公司。不断发生改变的，似乎是在运营良好的公司中由工作所得的相对回报正在不断提高。根据布卢姆的假设，若管理实践是一种能够极大提高员工生产效率的技术，那么收入提高正是人们的期望。其中最核心的理念是“互补性”。

“我看了很多足球比赛，”布卢姆说道，“很明显，伟大球员之间都存在更强的互补性。如果有可以传球的人，阿根廷前锋莱昂内尔·梅西就会变得更有价值。在公司里也是如此，互补性得到了提高。”换句话说，当员工不仅能力出众，而且得到良好管理时，也许整体不再是各个部分的简单组合，而是汇集在一起形成更大的力量，就像顶尖足球运动员培养顶尖队友能够取得更优秀的成绩一样。

“想要现代技术得到良好管理，而且与出众能力形成互补，那么运营成功的公司聘用能力更强的员工也就顺理成章了，”布卢姆这样对我说，“你会看到，有些公司在什么事情上都能赢。他们得到了更好的管理，拥有更先进的技术，拥有其他公司流失的更优秀的员工。如果好公司里能力强的员工比相对较差的公司的员工创造了更多边际收益，自然就会形成分类效应，也就是表现出众的人会寻求进入表现出众的公司。因为和运营相对较差的公司相比，运营好的公司会支付更高的报酬。”

这与过去几十年里人们在大多数世界领先的经济体中观察到的模式一致。“在所有行业、地域和人群中，不管怎么分析，现在正在形成大分类。”布卢姆表示。①

我问他，以上述研究发现为基础，他会为斯坦福大学的学生或者有野心的年轻人提出哪些管理职业生涯的建议。“50 年前，你被行业里的哪个公司雇用并不重要，但现在变得越来越重要。如果是我的孩子，我会对他们说：‘尽一切努力，被行业里最优秀的公司聘用。’”

这个建议很明显是正确的，但又存在局限性。不是每个人都能进入行业里的那些超级明星公司工作。不是人人都能进入谷歌或高盛银行工作，正如不是每个年轻的厨师都能在丹尼·迈耶的餐饮帝国中谋得职位，不是所有专业服务公司都会像汉密尔顿战略咨询公司那样为年轻人提供拓展能力的机会。我们面临的挑战，是在理想选择并不总是存在的现实中摸索职业生涯之路。

当你发现自己生活在有超级明星公司的世界里，除了祈祷自己能够进入其中一家公司，并且能与行业中的莱昂内尔·梅西或丹尼·迈耶合作外，你还能做些什么？在西雅图的 3 名高管的帮助下，我理解了个中选择。

① 参见 2008 年，比尔·毕晓普（Bill Bishop）出版的著作《大分类》（*The Big Sort*），讲述了美国公民越来越因地域、经济和政治观点不同而组合为不同的群体的情况。他认为这种情况对整个国家有害。布卢姆仅从经济层面使用了这个分类概念，但他提出强有力的证据，证明雇佣关系和职业生涯的分类只是更大变动的一小部分，自此书出版后，这种变化愈演愈烈。

如何用 CEO 视角评价自己的工作

经理人这个角色的作用，就是提高手下员工的生产效率。从经济学角度出发，就是让任何数量的工作拥有更多的经济价值。

在信息经济环境中，创造更多经济价值并不等于督促人们更努力地工作，而是意味着创造一个更高效的体系，让他们的工作具有更高的价值。

从经济意义角度出发，实现更高的生产效率对获得更高报酬具有至关重要的作用。因此，作为员工，你应当寻找能够提高你工作价值的经理人和体系；如果成为经理人，你应当想办法让员工的劳动变得更有价值。

管理良好的公司和管理不佳的公司，存在显著而持续的区别。从本质上说，优秀的管理就像一项技术，有些公司有，有些公司没有。

在现代商业环境中，这就会创造出赢家通吃效应。这是一种循环，管理较好的公司创造更多利润，而好名声和高报酬又能吸引更优秀的员工，从而巩固这些公司的优势。

尽可能进入管理水平最高、最成功的公司工作。在那里，你能与其他优秀的人成为同事，他们的技能会与你实现互补，从而提高每个人的生产效率。

HOW TO WIN IN A WINNER-TAKE-ALL WORLD

第三部分

和时代同频

HOW TO WIN IN A WINNER-TAKE-ALL WORLD

第 6 章 像选股一样选择你的雇主

据估算，2016 年，手握众多爆款金曲的歌手泰勒·斯威夫特（Taylor Swift）的年收入约为 1.7 亿美元，另有几十名音乐家的年收入达到百万美元。[①] 然而那一年，美国中档音乐人平均只有 25.14 美元时薪，或者 5 万美元年薪。他们的收入比模具工人的略高，比职业司机的略低。

同一年，女子网球运动员中收入最高的是安杰利克·科贝尔（Angelique Kerber），她的奖金收入为 1 010 万美元。世界排名第 100 位的是哥伦比亚球员玛丽安娜·杜克-马里诺（Mariana Duque-Mariño），她的奖金收入为 31 万美元，如此丰厚的收入相当于成功的医生或律师的年收入。世界排名第 1 000 位的是比利时人索菲·欧文（Sofie Oyen），她的奖金收入只有 2 678 美元，也许在度假村教退休牙医如何提高发球质量都能让她获得更高收入。

在娱乐圈和体育界，最顶尖的人的收入总是远高于只比他们低一个层级的人，这就是赢家通吃现象，或者更准确地说，赢家吃掉大蛋糕。过去几十年商业界最重要的变化，就是在获得繁荣发展的公司中，这一原则得

① 这个估算结果来自《福布斯》公布的 2016 年度收入最高音乐人榜单，作者是扎克·格林伯格（Zack Greenburg）。具体排名每年都会发生变化。数据是根据演唱会收入、唱片授权价值和商业代言合约估算出来的，所以也不完全可信。当然，这个排名大致是准确的：很多取得巨大成功的表演者一年能赚几千万美元。

到了越来越多的验证，由此产生了巨大但又没有得到足够重视的影响。

上一章里，布卢姆的建议是寻找超级明星公司，想尽一切办法留在那里。视具体情况而言，假如你的个性、能力、野心以及找工作时的运气恰好都不错，那这就是个好建议。然而，这种情况并不常见。在一家有盈利能力的大型公司工作确实有很多优势。可对于职业生涯处于特定阶段的一些人来说，加入创业公司，或者加入正在经历困难的大公司，在赢家通吃的世界中承担可能成为输家的风险，也不失为好的选择。

换句话说，探索现代商业的赢家通吃本质，核心就在于理解其背后的原因，了解雇主处于竞争格局中的什么位置，以及如何最大限度地利用职位提供的优势。本章的目的，就是为读者提供这方面的指导。

你的雇主是否位于前 10%

伟大的经济学家艾尔弗雷德·马歇尔（Alfred Marshall）在 20 世纪初提出了“收益递减规律”，描述了农业及重工业企业反复生产相同产品时的情形。这个理论表明，随着公司的规模变大——进入新市场，接触新的自然资源，公司收益会出现减少的现象。打入新市场的成本不可避免地高于公司的本土市场，第 14 个最有潜力的铜矿开采成本一定高于第 1 个铜矿。卖出的产品越多，生产单个产品的成本就会越高。

进入 21 世纪，马歇尔的收益递减理论被收益递增理论取代，我们总能找到符合这一理论的以信息为中心的行业。过去，电影公司需要花费 2 亿美元才能在美国拍摄一部电影，但在将拍摄地点转移到中国或巴西后，成本则大大减少。甲骨文公司不需要为了出售软件而开采第 14 个铜矿，对于已经投入数百万美元进行研发的软件，他们只需要出售更多的使用许可。

一家制药公司可能在过去很多年里投入几十亿美元用于研发新的爆款药物，但额外生产每一粒药的成本却很低。从本质上说，这些行业的潜在盈利能力是无限的。但这里存在一个前提，而且是一个大前提，那就是你能否成为少数赢家之一。

最近几十年，收益递增规律逐渐渗透进更多行业。我们可以从下面根据经济学家杰森·福尔曼（Jason Furman）和彼得·奥斯萨格（Peter Orszag）整理的数据所得出的图中观察盈利数据。20 世纪 90 年代，美国上市公司中最成功的 10% 的资本回报率约为 25%，处于中位的公司的资本回报率约为 10%。中位公司的这个数字没有出现大的变动，但顶级公司的资本回报率如今已经超过 100%，如图 6-1 所示。

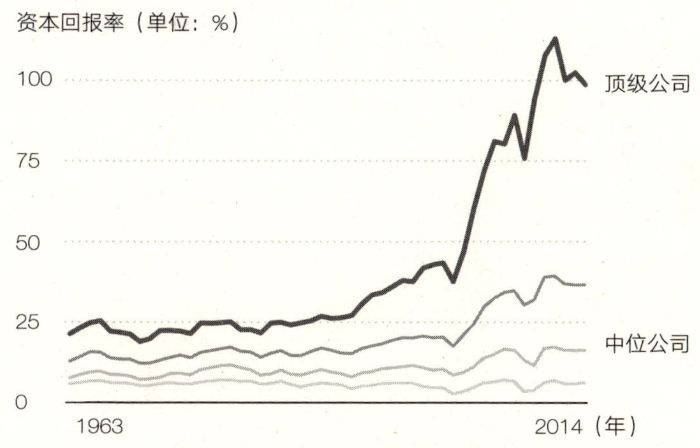

图 6-1　顶级公司不断递增的回报率

注：投资回报率统计不包括慈善机构，比如美国公开上市的非金融公司。

导致出现这种赢家通吃型经济变化趋势的原因有很多。我找出了 5 个最有说服力的因素。需要注意的是，这些因素并非互相排斥，相反，每个因素会彼此强化，为位于前 10% 的公司挖掘出更为宽广的经济护城河。

第一，无形投入逐渐成为主流。前面提过，类似软件和电影这样的信息产业一直包含赢家通吃的元素。可如今，相比实体资本，无论是一行代码，还是大量用户数据，或是业务流程专利，抑或受到良好保护的品牌，无形之物在现代经济的生产中扮演了越来越重要的角色。汽车上安装的软件和底盘上使用的钢材同样重要，零售商积累的客户数据与房地产这样的实体行业一样重要。乔纳森·哈斯克尔（Jonathan Haskel）和斯蒂安·维斯雷克（Stian Westlake）在他们的书中详细解释了这些效应，这创造了一个“没有资本的资本主义”。

第二，网络效应也非常关键。有些产品，使用的人越多越有价值，这意味着一个行业会逐渐聚合，形成垄断或双强垄断，自由竞争逐渐消失，这种现象在软件产业尤其显著。写这本书时，我用的是微软 Word 软件，很重要的原因是我的编辑及其他合作者也使用 Word。即便我被说服、知道有竞争对手做出了功能略强于 Word 的文字处理软件，我也不会因为功能而换软件。你使用社交媒体的重要原因就是很多朋友和亲戚也在使用，于是 Facebook 成为世界上最值钱的公司之一，这就是网络效应。网络效应也会出现在很多不涉及数字技术的工业部门，我们在后面会了解到，网络效应出现在了一些让人意想不到的地方。

第三，市场力量与传染性合并。不论一个行业因为什么原因出现合并，都会让与其有业务来往的其他行业更有动力进行合并，因为他们害怕被规模更大、实力更强、资本更多的供应商或客户碾压。美国的医院及健康保险公司就是一个好例子。一家保险公司在一个城市里拥有越多的客户，他们就越能强迫医院接受较低的报销比例；几家医院在同一家保险公司中所占的份额越高，他们就越能联合在一起，要求更高的报销比例。对双方来说，这都是一种激励因素，刺激他们合并形成少数几家公司。这取决于你对庞大规模的认可程度，这种合并既有可能是恶性的，也有可能是良性的。我们在大型消费产品制造商和零售商之间也能看到这种现象。

第四，裙带资本主义与监管障碍。体量庞大、盈利能力强的公司当然有动力利用政治因素巩固自身优势。收入越高，公司就越能拿出更多的钱进行游说和政治捐款，想办法实施有利于自身的政策，比如，获得政府补贴，得到知识产权保护或者获得出口补贴。就连表面上宣称监控一个行业的监管法规也有可能照顾某个公司，比如，银行业反对金融危机后美国政府的监管，但复杂的监管法律法规实际上有利于大型的、成功的公司，它们能影响监管细节的制定，还能聘用大量员工做合规审查的工作。

第五，反垄断当局对合并的容忍。公司总是寻求合并的机会，以减少竞争。只要反垄断当局不制止，他们会一直合并下去——而在过去几十年，反垄断当局对企业合并的容忍程度越来越高。美国的航空公司就是个极好的例子。不论是 2008 年达美航空收购西北航空、2010 年美联航收购大陆航空、2011 年西南航空收购穿越航空，还是 2013 年美国航空收购全美航空，都得到了反垄断部门的包容。其结果就是，2016 年，仅 4 家航空公司就占据了 72% 的市场份额（2007 年，排名前五的航空公司占有约 50% 的市场份额）。在科技界，Facebook 收购 Instagram 和社交软件 WhatsApp 时几乎没有引起任何反响，即便这些收购行为进一步巩固了 Facebook 在社交媒体和电子广告市场上的统治地位。

如果有意了解上述因素在创造现代赢家通吃商业界中扮演了哪些重要角色，市面上还有很多值得一读的好书。围绕这种变化趋势带给工人及社区的影响，人们也进行了非常有趣的讨论。有证据表明，争夺员工的公司数量减少，主流产业内部集中现象严重，有可能抑制整体收入增长。不过对我们来说，需要关注的是如何应对这种现象。少数超级明星公司取得的成功与盈利远高于竞争对手，这究竟意味着什么？超级明星公司与其他公司之间的差距越来越接近安杰利克·科贝尔和索菲·欧文或泰勒·斯威夫特和你所在城市的婚礼现场乐队的差距，我们究竟该怎么面对这个现实？为了寻找答案，我专门观察了一个存在超级明星公司崛起的行业，了解这种现象对寻求良好职业生涯的人有什么启示。

具备横向移动的能力

世界上任何稍有规模的城市里都能找到酒店，这是任何能够接触资本或者拥有一定知识的人都能参与其中的行业。同样，这也是一个回报进取心和创业精神的行业。从表面上看，酒店行业似乎和本书提到的其他复杂行业不太一样。不像制造飞机零件或汽车制造行业，酒店业的核心是发挥相对简单的功效——在一个适合旅行者居住的好地点选择一幢建筑，放入舒适的床，打造一个漂亮的大厅，提供与目标市场需求相吻合的客户服务。

根植于房地产的现实，让酒店业看上去属于经典的收益率递减行业：买入或建造的酒店越多，成本就会越高，可供选择的地点也会越差。距离市中心几公里远的酒店，相当于开采潜力排在第 14 位的铜矿。

酒店业的房地产部分确实遵循上述规律，酒店所有权分布于各式各样的投资者手中，其中包括房地产投资信托、养老金投资基金、捐赠，以及根据加盟协议所有并运营酒店的家庭。

但酒店的管理及品牌推广，却在朝着另一个方向发展。1997 年，根据 STR 公司的数据与分析，美国顶尖的五家酒店公司控制了全美 43% 的酒店房间，到了 2017 年，这个数字上升到了 53%。仅万豪国际集团、希尔顿全球酒店集团和精品国际酒店集团就在全球范围内控制了 260 万个房间，占全球酒店总房间的 15%。而这三家公司的总部均位于美国首都华盛顿郊区，互相之间的距离不到 20 分钟车程！①

这种行业结构变化背后的原因，完全可以追溯到前面所说的 5 个因素（重要程度各不相同）。

尽管酒店的物质资本，比如建筑物和房间里的家具，是你在旅行时选择某个酒店的重要原因，但无形之物也具有价值，这正是大型连锁酒店的优势。假如你在一个从未去过的城市订了一间希尔顿的房间，你知道自己会得到一张舒服的床，能获得某些服务，这一切都建立在公司几十年来不断巩固自身声誉的基础上（要求其在世界各地的酒店都要满足最低标准）。我们也能在其中找到科技元素：希尔顿雇用程序员，设计并维护手机应用程序，帮助客人轻松地预订房间、办理入住。新程序可以把客人的手机变成房卡，而且他们还在寻求用人工智能聊天机器人对人工服务做出补充。与实体资本不同，以上条件均适用于收益递增规律：希尔顿的品牌声誉和信息技术极有价值，而且将这些用于其他酒店并不会增加太多成本。声誉和技术可能需要几十年的积累、几十亿美元的投入才能获得，但让希尔顿新开的一家酒店利用其已积累的声誉和技术，所需成本与新立一个广告牌差不多。

网络效应也越来越多地出现在酒店行业。“客户忠诚计划”为经常入住酒店的客人反馈积分，让他们可以在集团下任何酒店享受免费房间。这意

① 这些公司运营着很多品牌：万豪旗下包括喜来登、威斯汀、万豪居家酒店等十几个品牌。希尔顿则包括欢朋、华尔道夫阿斯托利亚酒店等。这些公司也有不同的管理模式，有连锁品牌、合约管理，也有直接收购。

味着公司规模越大，客户忠诚计划的潜在吸引力就越强。如果经常去克利夫兰出差，能入住一个可以累积积分、日后用于兑换巴厘岛或巴黎豪华度假客房的酒店，你又何必入住其他独立酒店呢？随着越来越多常住酒店的客人选择大型连锁酒店，酒店的网络规模显然越大越好。

探讨市场力量和传染性合并对一个行业的影响，最好的例子莫过于酒店预订网站的兴起。这些网站已经成为酒店行业及其他旅游相关业务的强大中间商，很多人在到访一个城市时会通过浏览旅行类网站决定入住什么酒店。也就是说，酒店老板的命运，很大程度上取决于自己的酒店在这些网站上的展示及定价。一般来说，一家独立酒店严重依赖这些旅游预订网站，因此这样的酒店与网站谈判时就处于劣势，如果他们想出现在搜索结果的显眼位置，他们就必须付出相应费用。但大型连锁酒店拥有强大的销售能力，也有更广泛的市场选择，所以他们对预订网站的依赖性明显较低。希尔顿可以在电视上投放广告（最近的代言人是女演员安娜·肯德里克），引导观众使用酒店自有的网站，但独立酒店做不到这一点。大型连锁酒店与预订网站的谈判更接近公平的对决，因为网站需要连锁酒店。如果万豪或希尔顿撤出网站，那么网站对需要制定出行计划的旅行者来说可能便不再有用。我们可以找出传染性合并的一个证据：一些我们熟知的旅游分类网站都属于一家公司。

至于监管障碍和裙带资本主义，酒店行业试图动用政治力量，巩固最大型酒店集团的成功。比如在美国，酒店行业与爱彼迎的缠斗始终存在。作为短租公司，爱彼迎表示，大型酒店集团因建筑房地产从州政府及当地政府处获得了大量补贴。与此同时，酒店行业也推动联邦及地区政府加税，并施加更为严格的使用法规，这些措施都有可能打击正逐步上升的竞争对手。

最后，反垄断当局显然也在顺应酒店行业的合并趋势。其中最值得注意的就是 2016 年万豪国际集团收购喜达屋，喜达屋旗下包括威斯汀、喜来登和艾美酒店等众多酒店品牌。在全世界 40 个国家拥有业务，这让万豪在通过监管批准上花费了不少力气。但最终，他们还是成功地创造出世界上规模最大的酒店公司。

为了了解酒店行业的变化对试图在其中开启职业生涯的人有什么意义，我找到希尔顿的首席人力资源官马修·斯凯勒（Matthew Schuyler），在位于弗吉尼亚州麦克林恩的希尔顿全球总部，我们坐下来进行了交流。

斯凯勒表示，科技正不可阻挡地改变酒店体验。人们在考虑出行、预订房间甚至入住时，越来越多地使用移动设备。这意味着真正运营酒店的人，比如一家酒店的助理总经理、总经理以及地区经理等，需要不同于过去的心态和思维方式。

没有人要求酒店经理了解能把手机变成房卡的射频识别（RFID）芯片的工作原理，但他们需要做好准备，迎接这些技术发展对酒店服务带来的影响。“面试招聘对象时，我会筛选哪些特质？”斯凯勒边想边说，“是文化上的适配度，也就是说你有良好的判断，可以和其他人和平共处。你愿意接受改变，而不是反对改变。适应能力强，拥有更柔和的领导能力，能够全情投入、激励他人。”

20 世纪 80 年代，还是青少年的乔·伯杰（Joe Berger）开启了自己的酒店业职业生涯，在华盛顿市外临近杜勒斯机场的万豪酒店担任服务员。据伯杰回忆，在那个拖轮箱还没有普及的年代，行业内对于酒店服务员的需求很大，而且收入也比在麦当劳做汉堡高很多。他立刻爱上了酒店业，在大学读完金融后，他回到酒店业，在万豪做起了管理工作。他在万豪位于亚特兰大和芝加哥的酒店里工作过，后来带着家人前往欧洲，分别在维也纳、慕尼黑和法兰克福有过工作经历。伯杰的下一站是旧金山，他先是担任费尔蒙酒店的总经理，后来成为威斯汀圣法兰西酒店的总经理。规模庞大的旧金山圣法兰西酒店始建于 1904 年，在 1906 年的旧金山大地震中逃过一劫，经过扩张后拥有 1 200 个房间。

在酒店管理前线干了几十年后，伯杰得到晋升，进入企业总部负责监管各个酒店。他属于帕累托最优型高管，既有金融背景，又有管理运营经验。随后他进入了私人股权投资公司黑石集团，伯杰在旧金山圣法兰西酒店任职期间，黑石集团是酒店的所有权人。2007 年，黑石集团以 260 亿美元收购了希尔顿，为伯杰奠定了进入希尔顿并担任高级职务的基础。

2018 年和伯杰见面时，他已经是希尔顿美国地区总裁，这意味着他的很大一部分工作是寻找、培养并提拔能够推动希尔顿在西半球获得成功的酒店经理。而伯杰寻找的技能，却与自己年轻时成功担任总经理所需的有所不同。“如今，很多酒店由私人股权投资者所有，其表现得像是私人股权机构。你得学会说他们的话，你得理解他们的投资理论。为了实现他们的目标，你得像他们一样熟知财务金融方面的知识。他们可能会说：‘我们想提高这个酒店的市场地位，为了这个目标，我们需要投入 X 资金，需要得到 Y 回报，我们资金的特许权为 7 年，我们需要你帮助我们实现这个目标。’总经理这份工作最难的部分，就是在满足他们的要求的同时，还要做好运营一家酒店必须做的事情。我觉得这就是让这份工作如此有趣的原因。一方面，你在担心资本回报率；另一方面，你得保证吧台的手工调制鸡尾酒充满创意又有趣，还要管理好团队，为客人提供良好服务。”

这一切意味着，想要成功，处于上升期的高管需要思考如何使自身经历多元化。大型酒店公司的成功表明，最好的机会其实就在这些大型机构里，而不在成长机会有限的独立酒店。想在希尔顿（或者万豪、洲际酒店以及凯悦酒店）一路上升，你需要成为帕累托最优曲线里的"魅力型"经理人。"现在，你真的需要横向移动的能力，"伯杰表示，"再去回看我最初以行李员身份加入的酒店业，或者回看我的第一份管理工作，显然，酒店业变得复杂了很多。你仍然需要有很强的团队管理能力，拥有高水平的酒吧和餐厅的经营能力，也需要在酒店里创造出那种戏剧感，但你也要关心财务方面的工作，关注市场元素和科技元素。如果做不到这些，你就跟不上现在的发展节奏，因为每个人都很努力。"

找工作就像投资

鉴于以上信息，就像斯坦福大学的布卢姆建议的那样，在发展良好且卓越的、拥有极高声誉和盈利能力的公司找到一份工作，看似是最好的职业建议。

对于这种建议，人们的第一反应可能是：这不是废话吗？

接下来他们可能会说："说的是啊，可不是所有人都能去最好的公司工作。"

并非所有程序员都能在谷歌、苹果或Facebook找到工作，不是每一个银行从业者都能进入高盛或者摩根大通，也不是任何酒店业人员都能进入希尔顿或者万豪。这是一个简单的常识问题，但同样不可忽视的是，有时进入一家知名度相对较低的公司工作，而非进入超级明星公司，可能更受求职人的青睐。也许名气较低、不那么成功的公司提供了更丰厚的收入或更高的职位，或者他们是唯一为求职者提供工作机会的公司，毕竟，大多数人没有挑选公司的能力，而且不论因为性格还是气质，并不是所有人都适合在这些经常具有官僚主义作风的大型机构中工作。

这个难题让我深思了很久：考虑到以上情况，赢家通吃效应究竟对理想职业生涯有着怎样的影响？我意识到，投资界其实存在现成的例子。

投资者喜欢买入的股票大体可以分为两类：成长股和价值股。成长股指的是在投资者眼中已经取得成功且未来拥有大好发展前景的公司发行的股票。这一类别包含大部分超级明星公司和统治各自行业的知名公司，这些公司运营良好，外界预期他们能在未来获得更多利润。可每个人都认为成长股值得拥有的现实，恰好是问题所在：每个人都想拥有这样的股票，股价因此被炒到了高点。和营收、公司资产的账面价值，或者其他你认为能合理衡量公司市场价值的标准相比，公司的股价明显过高。

与此相对，价值股指的是价值被市场低估的公司发行的股票。这些公司的市场份额可能在缩小，他们的产品可能正在被新技术取代，他们可能陷入法律纠纷，或者有一个不称职的 CEO。因为存在缺陷，这些公司的价值被市场低估。主流观点总的来说在这种情况下是正确的：公司收入没有起色或者下滑，未来面对的是破产或更昂贵的法律支出，CEO 真的就像所有人说的那样是个小丑。可因为主流通常持消极观点，所以这些公司的股价通常低于公司基本价值。正是因为那些精明的投资者预测公司未来的情况会越来越糟，你投入的每一块钱才可能买到更多的收入和资产。

这就是需要注意的地方了。有时，价值股并不像外界预测的那样糟糕。也许公司的市场份额逐步稳定，取得革命性突破的新竞争对手接管市场的速度减缓，法律纠纷得到平息，CEO 被一个更称职的人取代。并非所有成长股公司都能像外界预期的那样拥有光明未来，我们在商业史上能够找到大量轰然倒塌的超级明星公司。

假如能够回到 1968 年，投资任何当时在纽约证交所上市的股票，并用分红持续投资同一只股票且一直持有到 21 世纪，你会选择哪家公司的股票？也许选择软件类或半导体类股票，以乘这段时间数字化革命的东风？或者投资医药类股票，从医药创新中赚取收益？或者投资银行股，从这几十年金融部门的繁荣发展中分一杯羹？这些选择都不会让你获得比投资当时名为菲利普・莫里斯（Phillip Morris）、现在名为奥驰亚（Altria）的公司有更高的回报。在这段时间里，科学界对香烟这类致癌物达成了一致共识。因为掩盖事实，烟草公司面临数十亿美元的诉讼，烟草税率迅速提高，美国成年人的吸烟率从 40% 下降到 17%。尽管如此，奥驰亚公司的股票在超过 30 年的时间里均有 20% 的年回报率！背后的原因，就是这家公司属于终极价值股。烟草行业的下行轨迹及法律风险，导致菲利普・莫里斯公司的股票价值相对营收和分红持续偏低。这意味着买入并持有股票的人总能以低价用分红进行再投资。

尽管奥驰亚公司是个特例，但从长期看，在历史上价值股一直提供了比成长股更高的回报。在不同国家和不同时间均是如此：股价低廉的糟糕公司提供的回报高于股价高昂的优秀公司。通过更高的回报，那些投资不够光鲜亮丽、不够成功的公司的投资者实际上得到了补偿。

世界上还存在第三种投资类型，投资对象既不是股价高飞的成功的成长型公司，也不是深陷麻烦的公司，而是具有巨大潜在价值的公司。它们是各种形式的创业公司，这些公司正处于早期发展阶段，它们要么致力于发展壮大，要么希望在未来以高价被其他公司收购。投资创业公司，比如风险投资公司的投资行为，与在公开市场上买入成长股或价值股有着截然不同的机制。一般来说，风险投资人寻找的不是中等成功。如果他们在一个公司价值 500 万美元时投资，最后以 1 000 万美元将公司卖给规模更大的竞争对手，这看起来像是成功，不管怎么说，两倍的投资回报率没什么可抱怨的。可风投行业中大多数公司最终都会走向倒闭的现实表明，一笔投资更需要获得 20 倍、50 倍，甚至 100 倍的投资回报，才称得上成功。风险投资模式意味着，有可能取得巨大成功，但也有可能面临痛苦的失败——要么投资日后公开上市、成为成长股的公司，或者出售给市场上已经站稳脚跟的成长股公司，要么就像更常见的情况，悲惨地倒闭，或者以低廉的价格出售。

这就是投资与职业生涯的相似之处。进入一家公司接受一份工作，本质也是投资，只不过投入的不是金钱，而是你的时间。不过和投资股票或者风险投资人不同，你无法分散投资自己的财富。正如风险投资公司 Floodgate 合伙人安・三浦－科（Ann Miura-Ko）在斯坦福大学上课时对学生说的那样，“不论进入大型、中型还是小型公司，你应当把它们看作一种投资组合。时间就是你最有价值的资产，所以如果你决定把所有时间投入到辛勤的工作上，你得确保工作与目标一致”。

正是这个原因，让“在成功的大公司找到一份工作”的策略听起来很合理，但在赢家通吃的商业界并不总是唯一正确的选择。只要你像理智的投资人一样对待超级明星公司以外的工作，以开放的心态面对这些工作，它们同样能够带给你巨大的满足感和丰厚的收入。

假如你为现代经济中的赢家工作，你知道自己在这样的机构中拥有光明的未来，拥有稳定的收入和晋升机会，这就像身在成长股公司。这与在立志向上的公司里工作有着非常明显的区别，这样的公司希望有朝一日成为赢家或者被赢家收购。而这也与在一家被人遗忘的、陷入困境、墨守成规的公司存在明显不同。实际上，从职业选择角度出发，这就相当于价值股，陷入麻烦的现实可能导致人们忽视他们的优势。

为了权衡不同类型的公司，我与三个取得了成功的高管进行了交流。他们互不相识，但在好几年时间里，这三个人的办公室都在西雅图地区，之间的距离只有几公里。每个人的职业生涯都聚焦了三种公司中的一种，将他们的经历结合在一起，求职者可以全面地了解在现代经济的赢家公司、野心勃勃的创业公司与被人遗忘的公司工作的利弊优劣。让我们从前面提过的一家公司出发，这家公司代表了统治现代经济的强大、成功的超级明星公司。

成长股：寻找内在动力和优秀导师

21 世纪初，尼克·考德威尔（Nick Caldwell）在麻省理工学院学习计算机科学和电子工程时，任何发展方向都充满机遇。他大三时所在的一家创业公司曾让他退学，直接加入公司。考德威尔的一些朋友进入了谷歌及其他硅谷创业公司，在那个时代，谷歌也只是处于创业期。

考德威尔优先考虑的却略有不同。他的父母均属于中产阶级，一个是公设辩护律师，一个是马里兰州拉格地区的教师。考德威尔面对的是一大堆麻省理工学院的学费账单，他希望得到一份能够提供稳定收入的工作，能让他支付学费，还能过上体面的生活。[①]

---

① 这里有一个有趣的经验：如果考德威尔出身更富裕，没有因上学而负债，遇到麻烦时也可由父母解决，也许他会更愿意在上市前的谷歌或者规模更小、风险更大的创业公司工作。成为科技企业创始人却中途从大学退学的比尔·盖茨和扎克伯格都来自中上层家庭。可见，出身富裕家庭让人们更能接受风险性更高的职业选择。

“我的主要目标是赚钱，这就是我这么努力工作的首要原因，”考德威尔表示，“在硅谷，我似乎要和那些没有大学学位、只想‘我要改变世界’的孩子一起工作。我觉得这太疯狂了。即便我有创业精神，我也一直更脚踏实地，想法更现实。”

所以当微软的招聘人员出现在麻省理工学院寻找实习生时，考德威尔立刻选择加入。不论在那时还是现在，微软都是全球市场中超级明星公司的典型代表，考德威尔加入微软的 2003 年，公司的利润达到 75 亿美元（谷歌同年的利润只有 1.06 亿美元）。作为狂热的游戏玩家，当考德威尔发现自己在微软的第一份实习工作与制作电脑游戏相关时，他觉得自己就像活在梦中一样。但当他听说一个女员工干了很多年，只是为了让微软飞行模拟项目中的云变得更逼真时，他意识到这份工作并不适合自己。“她每天的工作就是让云变得更松软或者更缥缈，我心想：‘这跟我想象中做游戏的样子差得太远了。’”

大学毕业后，考德威尔返回微软，加入了更符合他个人兴趣的部门，负责自然语言处理，也就是教计算机正确解读正常语句。他的小组负责设计语法检查器、校对工具和其他能够纠正 Word 文档语法问题的工具。

加入一家规模庞大的全球型公司，会不会让资历较浅的年轻员工感到害怕？事实也许并非你想象的那样。

“像微软这样的公司，因为太大了，所以会被分割为很多小的机构，”考德威尔表示，“没错，这里确实有超过 10 万名员工。可看了组织结构图你就明白，一切被拆分得很清晰。我在自然语言部门，这个部门又被分为四个机构。真的找到我时，会发现我的小组规模很小，给人一种家的感觉。”

在微软这种盈利能力极强的巨型公司里，作为入门级别的软件工程师，考德威尔可以奢侈到只关注眼前的软件开发工作。他不需要担心那个月微软的办公软件（Office）销量如何，或者微软 Windows 操作系统的市场份额，也不需要担心公司那个季度的财务状况。比他高好几层的经理人才需要担心他们的工作是否符合公司的大战略。与此相对，在规模较小、更具创业精神的公司，连级别相对较低的员工通常也需要担心自己的工作与公司大战略目标之间的关系。在 100 人左右的公司里，每个人的工作都会影响到几乎所有人，但在 10 万人规模的公司里，可能存在你完全不了解的庞大部门。考德威尔从未见过销售和市场部门的同事，直到入职三四年后，他被选入一个高潜力人才项目，其中拥有技术背景的人和来自法务、销售、财务等部门的人数量几乎相当。从根本上说，公司规模越大，知名度越高，更高级别的职位就更需要帕累托最优型管理人员，需要他们熟练处理不同专业的交叉领域。

从第一天开始，这样的公司就存在极为明确的等级制度。微软甚至像美国政府一样，为不同等级的职位设定序号，一切从 50 开始。大学刚毕业成为软件开发人员的起始序号是 59，提高到 60 意味着取得了一定经验，可以承担更为重要的工作，收入也会相应提高。依次类推，不断提高。65 到 67 指的是“主管”，工作一般涉及多个团队。级别超过 68 一般都有拥有类似“合伙人”的头衔，他们的工作会对整个公司产生影响。

“你玩过《魔兽世界》吗？”考德威尔提到了这个沉浸式大型多人对战游戏，玩家在游戏中会换上神秘生物的头像，“最初几级游戏非常简单，升级速度很快，然后进入中级，这时每升一级都要消耗 2 倍的经验。打到最后，升级所需的经验是天文数字，也就是说，你需要玩上几个月才能打到最高级。微软的职业阶梯结构和这个游戏类似。”

在类似微软的公司里，员工面临的最大挑战就是克服自满情绪。考德威尔后来进入开发办公软件的部门。“我进入 Office 部门时，这套软件只出到第 11 版，我们在这上面花了差不多一年时间，随后开始开发第 12 版。这给人一种反复卖掉同一个东西的感觉，那时我想做点不一样的事情，带去一些变化。”大型超级明星公司和创业精神并非不兼容。

大约在 2007 年，考德威尔向一个导师抱怨自己做的都是重复工作，结果被好好教育了一番。“‘尼克，你不要再像中层经理一样了，要学会做领袖。中层经理到处散发派工单，而领袖却在为接下来发生的事情负责，’他这么对我说，‘你不能站在我的办公室里抱怨。你得去做点什么，因为实际上你才是能带来改变的人。’”

这番话点燃了考德威尔心底的火苗，他直接找到总经理，要求总经理批准他成立一个团队，专门研究未来产品的可能发展路线。他的要求得到了满足。考德威尔的团队开发了一个团队合作工具，尽管遭到否决，但其中部分功能被融入微软的其他产品中，考德威尔的行为也得到了高层管理人员的注意。

考德威尔被指派参与由微软创始人比尔·盖茨主管的一个项目，这个项目希望设计出一种工具，可以用简明语言指令实现数据可视化。考德威尔是工程部门的主管。在很短的时间里，他协助创立了一个 30 人的团队，团队成员来自公司各个部门。某种程度上说，这是世界上最好的工作：一方面，他可以创新，可以发挥自身的创业精神；另一方面，他还能获得稳定的收入，从历史上经历最丰富的创业者那里学习领导技能。“身在一个非常安全的公司，还有那么多选择，不管怎么说，这都是零风险，”他这样说道，“你必须想办法让自己相信四处跳槽是一种有风险的行为。”

考德威尔最终达到总经理级别，管理微软商业智能部门的 300 名员工。但在公司工作 13 年后，他害怕自己局限于管理现有业务的角色，会忘记如何创造新事物。于是，他开始四处寻找。2016 年，他成为论坛网站 Reddit 的工程技术副总裁，后来又成为首席产品官。回顾微软时期的自己，反思这段经历对其他希望在超级明星公司中找到立身之处的求职者的影响，考德威尔讲述了两种不同类型的职业生涯。

“我会遇到两类人，”他说，“一种是迭代优化型，他们在开发 Office 11 ～ 15 这 5 代版本上做得很不错，那是他们的主要收入来源。但对我这样的人来说，那种做法更像是‘把创新融入旧的产品里’，只有少数人对这种事情感兴趣。可如果找到这些人，用正确的方式将这些人组合在一起，就会产生真正的创新。”在这样的公司里，即便一次赌赢，你也不会享受这次冒险带来的积极影响。无论你的产品能否成功，你只是在用潜在的巨大胜利交换安全稳定的收入。

换句话说，在赢家通吃的经济环境中身处一个赢家公司，这意味着你能获得大量资源和机会，还不需要担心收入问题。假如你是迭代优化型性格，这样的工作会给你带来极大的满足感。可如果你不是这样的人，如果你寻求创新，那么身在具有市场统治力的大型公司意味着你只能推动自己寻找机会，突破官僚主义的限制，创造出优秀的产品，获取真正让人满足的职业生涯。

价值股：适应模糊的界限

那是 2005 年，一切都朝着埃米・布恩汀斯基（Amy Bohutinsky）理想的方向发展。她刚过完 30 岁生日，终于赚到足够的钱在普雷斯蒂奥高地

（Presidio Heights）买下了属于自己的公寓。她有很多朋友，她的姐姐住在市里，孩子年龄都不大。埃米很爱自己的男朋友，她对这段感情很认真。埃米在旅游预订网站 Hotwire 工作，2000 年网站刚创立不久她就加入其中，她感觉自己在公关管理方面的工作越做越好。但她就是有种不对劲的感觉："一切不再像过去那么难了。"

尽管如此，当布恩汀斯基同意前往西雅图、和自己的两个前老板斯潘塞·拉斯科夫（Spencer Rascoff）和里奇·巴顿（Rich Barton）见面，商讨两人正在谋划的创业公司时，她并没有前往新公司工作的想法。她心想，非要做什么的话，她可以考虑开一家咨询公司，和创业公司签合同，为他们服务。她来到拉斯科夫和巴顿位于西雅图市中心的办公室，两个人已经招了大约 12 名员工。但两个人甚至无法明确讲出公司的商业策略，部分原因在于他们也没确定究竟准备怎么做。他们只有"Zillow"这个名字和改变住宅房地产行业的野心。经过两个小时的交谈，布恩汀斯基前往机场，她在出租车里哭着给男朋友打了电话，她记得自己对他说："我要搬到西雅图了。"

与拉斯科夫和巴顿交流后，有机会从头打造让人兴奋的新事物让布恩汀斯基备感活力。与其只能做庞大机构里的小螺丝钉，她更愿意参与制订战略计划，帮助一家公司从零开始，成长为在市场中有影响力的企业。为了这些，她要做的就是放弃在旧金山的一切，接受收入减少 40% 的现实。和很多创业公司一样，布恩汀斯基的收入更多的是股权激励，而非现金。考虑到各种未知因素，她甚至没有在心里计算那些股份的潜在价值。她和男朋友一致同意，先在 Zillow 工作一年，假如情况不理想，她就辞职回到旧金山，如果发展得好，男朋友就搬到西雅图。最终，搬家的是布恩汀斯基的男朋友。

加入 Zillow 的第一天，布恩汀斯基找到了一张办公桌，电脑还在箱子里放着，没有组装。当她入职时，公司已经有了约 30 名员工，但她只能自己拆开箱子，把显示器和主机连在一起，因为公司当时还没有 IT 部门。这只是布恩汀斯基的众多领悟之一，她逐渐明白了在雄心勃勃的创业公司和在发展完备的公司里工作存在哪些区别。13 年后，2018 年初，当我和她在 Zillow 的办公室见面时，布恩汀斯基已经从只有 31 名员工、还在摸索商业模式的公司的公关主管，转变成市值 60 亿美元、拥有近 4 000 名员工的上市公司的首席运营官。如今，她的办公室位于一栋高端建筑的 31 层，天气好时能够俯瞰从普吉特海湾到雷尼尔雪山在内的大片区域。

2006 年推出 Zillow 时，公司没有预算进行广告投放或其他传统市场营销活动。公司里的所有人都从 20 世纪 90 年代末互联网公司大肆挥霍直至灭亡的事件中吸取了经验教训。这意味着布恩汀斯基负责的公关部门变得更加重要。Zillow 的市场营销策略是通过讲述有趣的故事而不是花钱做广告来创造影响力从而吸引用户。“我被雇用时商量好了，‘好吧，你负责我们的对外沟通交流，但其实你做的就是市场营销工作’。”她说。

在大型公司里，包括布恩汀斯基离开的那家公司，产品开发人员一般负责打造产品，一旦做好推向市场的准备，公关人员就会着手准备媒体报道，或者用其他方法吸引外界关注。市场营销是完全分离的运营活动。让布恩汀斯基感到兴奋的是，在创业公司互相分割的壁垒并不存在。当拉斯科夫、巴顿和产品团队一起讨论产品及其具体形态时，她也在场。

他们的基本想法是：现实中已经存在大量与住房市场有关的信息，但因为获取难度过大或代价过高而无法取得。税务及资产交易记录被掩埋在数千个政府机构的记录中，房地产经纪及清单服务热衷于控制对自身信息的使用，而任何购买或出售房屋的人都需要使用这些信息。Zillow 的想法是将所有信息集中在互联网的一处，为用户免费提供，同时提供有用工具和便利的用户体验，从而让 Zillow 成为任何希望购买、出售、租用房屋或任何对自己所在社区存在好奇心的人都愿意点击的目标网站。公司创始人还认为，庞大的用户群体也能为房地产经纪人、抵押贷款机构和其他寻求住房相关服务的机构及个人提供无与伦比的价值，这些人反过来愿意为接触 Zillow 用户的信息而支付大笔金钱。

在确定第一款消费产品的漫长时间里，团队意识到，他们已经收集到了足够信息，通过结合附近地区近期的房价、早先的交易记录、征税估价等信息，他们可以合理地推测出美国几乎任何房屋的准确估价。当团队设计创造出日后被称为 Zestimate（Z 式估价）的工具时，布恩汀斯基和他们在一起。这个工具以附近地区的最近交易信息为基础，可以让用户了解自己、邻居或者亲戚家的房屋价值。

实际上，这个统计模型得出的并不是一个估算值，而是一个置信区间。布恩汀斯基与产品开发人员同处一室，想办法如何将这个产品推向世界时，他们认定，使用一个数字，比如“你的房子值 26 万美元”，比转弯抹角的“我们有 70% 的信心，认为你的房子价值在 22.7 万美元到 30.7 万美元之间”更能吸引人们的兴趣。

开会时，布恩汀斯基不断强调要将 Zillow 打造成知名品牌。她强调把 Zillow 用作动词，她希望人们用 Zillowing[①] 描述搜索房屋的行为，就像人们用“谷歌”描述网络搜索行为一样。

---

① 将 Zillow 当作动词来使用时的进行时态。——编者注

公司设定了一个宏大的目标，希望在网站上线6个月内获得100万用户。他们仅用3天就实现了这个目标。一个月后，用户总数达到500万。

在创业环境中最如鱼得水的人，是那些能够适应界限模糊的人，那里没有明确的等级制度，部门之间也不存在明确的界限。而这种模糊性的回报，就是与在更为成熟、完整的公司工作相比，你能在重要的战略问题上获得更有深度、更有广度的经历；与在大公司职位达到一定高度的人相比，你可以近距离并深入观察产品开发、销售、市场营销、财务等公司的不同部分之间如何互动。“在创意阶段就参与产品战略设计，这是只会出现在创业公司的经历。”布恩汀斯基表示，“我们就是坐在同一个房间里的一群人，没有太多墙或界线分割。这为我奠定了基础，让我在此后明白，自己在创造前所未有的新事物时也有发言权。”

随着公司不断成长发展，布恩汀斯基不再仅仅是去帮助公司获得有利的媒体报道的公关人员，她更多地成为确定公司发展战略团队的一员。她不具备任何首席营销官所需的传统经历，她没有MBA学位，没有在大型消费品公司担任品牌经理的经验，但是当Zillow开始实施更为传统的广告营销策略时，她接手了这份工作。2011年公司首次公开上市时，她已是公司高层。2015年Zillow收购竞争对手、房地产网站Trulia时，公司规模几乎一夜之间实现翻倍。当Zillow与Trulia的成功合并成为关乎公司未来的重大紧急事件时，拉斯科夫和巴顿任命布恩汀斯基担任首席运营官。我问布恩汀斯基，两个老板出于什么原因将这份工作交给她，“我觉得原因来自我多年来的工作表现，如果把我不太了解的工作交给我，我会想办法完成，想办法组建一个团队，弄明白自己不懂的事情。”她回忆道。

这就是加入一家充满朝气、具有野心的创业公司的意义。通常，创业公司的现金收入相对较低，股票期权变得一文不值的可能性更大（布恩汀斯基是幸运儿）。创业公司的工作时间很长，收入不够理想，你甚至需要亲手组装电脑。在这样的公司里工作的真正回报，是有机会了解在不被组织结构制度设计完备的大公司的条条框框限制的情况下，自己究竟拥有多大的能力。

成为帕累托最优型员工可能是一种不进则退的经历，你有机会了解一个公司的不同部分如何互相配合，在已经成熟的公司里，只有经验丰富的高级管理人员了解这些信息。你的收入不仅是（平平无奇的）工资与（有风险的）股权增加之和，在这个过程中获得的经验、学到的知识也是收入的组成部分。再加上点运气，一番大事业也许就在你的面前。

风险投资：寻找被低估的优势

马克·梅森（Mark Mason）在南加利福尼亚州长大，那时，他们一家人住在一栋公寓里，旁边就是他父母经营的殡仪馆。这个行业很艰苦，需要在人们痛失亲友时安抚并帮助他们。亲眼见证父母的辛劳工作，以及这份工作对感情的巨大消耗，梅森决定远离家族产业，成为会计师。然而事实证明，他的职业生涯基本没有摆脱“死亡”这个主题。

1990 年，梅森还是加利福尼亚州橘郡德勤会计师事务所的一名年轻会计师，客户中的一家房地产开发公司招募他担任首席财务官。梅森加入这家公司时，正好碰上了由房地产导致的严重经济衰退。公司已经资不抵债，而他的工作，就是帮助公司逆转局面，也就是出售资产，进行债务重组，想办法让公司活着看到第二天的太阳。在很短的时间里，他学会了大量与高风险谈判、应对公司危机有关的知识。他们勉强完成重组，但这段经历却让梅森做好了重返大型会计师事务所、做高安全系数工作的准备，在那里，他可以逐渐爬到合伙人位置。

“我回到德勤，不管是收入还是职位，都向后退了一步，”梅森说道，“我觉得对我来说，那是个很好的经历，职业生涯中的好决定，通常都是为了向前而先后退。这么做很难，因为你已经习惯了之前的收入和地位，但我发现在我的职业生涯中，有那么几次，这才是正确的做法。”

这些经历意味着，到 20 世纪 90 年代中期，梅森不仅成为经验丰富的会计师，还是一个拥有重组困难企业经历的会计师。这为他赢得了富达联邦银行（Fidelity Federal Bank）首席财务官的工作，这家价值 50 亿美元的机构陷入了财务危机，梅森花了一年时间，又做起了出售资产、筹资并带领银行扭亏为盈的工作。几年后，他以 CEO 身份重返该银行的母公司，面对的又是一个濒临破产的公司，而他的任务就是想方设法达到最好的结果，无论“最好”究竟意味着什么：可能是真正的形势逆转，可能是有序的破产，也可能低价出售给竞争对手。

在众多陷入困境的公司里工作，梅森学到的一个重要经验教训，就是尽职调查具有重要作用。从根本上说，就是努力了解公司面临的艰难局面，实事求是地面对公司现实。“每个公司的形势都可以被逆转，但有些公司逆转局面所需的成本比公司的固有价值高太多。”梅森表示。

比方说，梅森曾担任一家名为 Tefco 的公司的总裁，这家公司为医院、监狱或其他机构提供高科技备用发电机。可发电机高昂的预付成本吓退了潜在买家，附属的制造发电机的公司 2009 年破产。“有时会出现让公司实现盈利所需的成本高于公司未来盈利价值的情况，”他说，“现实情况可能不需要你的英勇拯救行动。现实中也存在正直诚实的人带着美好创意创建的公司，但经济环境无法支持他们的创意，公司无法实现盈利。”

当金融危机和深度衰退严重伤害美国银行业时，梅森正在寻找下一份工作。家庭街道银行（HomeStreet Bank）是西雅图一家有着 90 年历史的家族银行，拥有 30 亿美元资产，同时存在大量问题。这家银行一半的贷款投资对象是房屋建造商，大部分用使用土地做担保。随着房屋出售数量和价格大幅跳水，房屋建造商难以偿还债务，土地价值也大幅下跌，这意味着银行获得的担保物不再像发放贷款时那么值钱。

值得一提的是，全球经济当时也以自由落体式速度下滑。每个星期五下午，美国银行监管部门的员工都会开着黑色的雪佛兰汽车来到被他们判定为资不抵债的银行的门口，用周末的时间关闭银行，将存款和贷款转移到实力更强的收购方。他们的目标是让公众保持对银行体系的信心，确保消费者在工作日都能取出自己的存款。仅 2009 年一年，监管部门就关闭了 140 家银行，家庭街道银行显然也是高危目标。“每个星期五都会传出我们要被关闭的流言。”梅森表示。每到星期五，只要有人开着黑色 SUV 进入停车场，都会在银行引起恐慌。梅森觉得银行拥有足够的资本缓冲，离被关闭还有一定距离。之后，他从监管人员那里得知，情况并非如此。“在很长一段时间里，家庭街道银行一直排在关闭名单的前列。”梅森说一个官员后来这样告诉他。就像一个有关银行的出版物里写的那样，“关注家庭街道银行的监管人员似乎比投资者还多”。

在被人遗忘的公司工作，风险之一就是资金紧张。但梅森表示，小规模削减预算无法扭转一个衰败公司的颓势。当一家公司发现自己陷入危急局面时，他们很可能已经将差旅费预算降到最低，裁掉了所有非必要员工，限制了所有大型消费。在家庭街道银行这个案例中，银行的 550 名员工中有很多人将存款投入公司的股权计划中，如果公司走到破产的地步，这些员工的大量积蓄将化为乌有。过去在困难公司工作的经历让梅森得出结论：留住大部分员工具有至关重要的意义。“首先，必须稳定员工基础，不能出现人员流失……所以需要保持透明，告诉他们现状、未来可能出现的结果，以及为什么所有员工都有可能获得积极结果，”梅森表示，“总的来说，需要扭转局面的公司问题一般出在高层，而不在中层或基层员工。你改变策略，人们就会变得更好。”

梅森的策略集中于撕开遮羞布——出售资产，承认损失，坚持不让员工陷入“沉没成本谬误”。人类的天性是拒绝承受自己或同事几年前发放贷款造成的巨大损失，他们希望等到市场形势好转，或者土地价格恢复到合理水平时再处理贷款问题。但在类似家庭街道银行的危机中，最紧缺的其实是时间。“如果我们坚持持有那些资产，最终价值确实能涨回来，”梅森在 2018 年表示，“但我们会破产，无法收获这些效益。”

身在陷入困难的公司，即便不在决策层，你也能同时体验赢家公司和创业公司的不同特征。这里有创业公司里可见的不确定性和风险，也有赢家公司里常见的烦琐流程和官僚主义。并非所有人都能适应这种组合，但让一个成熟却面临挑战的公司发挥最好的表现，做“最好的自己”，同样能给人带来巨大的满足。和在雄心勃勃的创业公司一样，处于衰退中的公司也能提供繁荣的大型公司无法提供的机会。在那家陷入困境的房地产公司得到第一份首席财务官工作时，梅森刚刚 30 岁出头。

“对每一个工作机会，我觉得首先要关注的是体验价值。”梅森表示。毫无疑问，在被人遗忘的公司工作，你能获得正常状态下难以获得的经验、工具，并承担更重要的责任。“因为在扭转局势时，尽管不能保证在这种环境下能够获得比在健康公司更好的工作经历或者职业结果，但人们总有机会拓展自身能力，并得到发展机会。”在绝望的情况下，公司领导层可能更愿意尝试非常规策略，也会比微软这种盈利能力超强的统治级公司更愿意信任经验不那么丰富的人。

在银行资本比率的重构计划中，梅森着重强调中等程度的成功。对于已经损失了大量积蓄、并且害怕在经济衰退中丢掉工作的员工，他的目标是让员工知道，公司有明确的计划，只要成功实施（比如快速完成高难度的资产出售），就能得到回报。“经过一段时间，只要保持信心，不断指出我们正朝着目标前进，明确我们进行到了计划的哪一步，哪些方面做得超过预期，就能增强人们的信心。”

梅森的做法收到了效果。到 2012 年，家庭街道银行拿出了相当出色的财务数据，他们还通过公开发行股票筹集到了新的资金。随着住房市场逐渐回暖，家庭街道银行也开始了更为进取的运营策略，不仅开设了新的分行，还收购了一些小型竞争对手。

在被人遗忘的公司工作并不一定是坏事。重要的是了解公司的消极面，如预算紧张、固有风险等，关注能取得回报的事物，也就是成为自身职业生涯有价值的投资者，证明老品牌仍然拥有生命力。

结束与梅森的对话后，我在两个问题上极有信心：第一，在遇到困难、陷入挣扎的公司工作非常适合他；第二，这种工作并不适合所有人。可这个说法也适用于布恩汀斯基，她彻底改变了人生，接受降薪，在不知道公司能否凭第二轮融资生存下去的情况下加入了一个只有 30 名员工的公司。考德威尔也是如此，职业生涯的前 15 年他在世界上一个规模最大、盈利能力最强的公司中慢慢攀爬。这只是在同一个城市分别取得成功的三个人的故事，在每一个环境中，我们都能找到很多警示性的故事。比如：有人在赢家公司里被官僚主义折磨得死去活来，有人被濒临破产的失败创业公司里的混乱逼得抓狂，还有人因为衰败公司的惨淡前景而崩溃，不会因为存在逆转的可能性而感到振奋。

世界上不存在适合所有人、适合人生任何阶段的雇主。关键在于理解你的目标公司在赢家通吃的世界中处于什么位置，了解这些公司是否适合自己的性格、野心以及风险承受能力。你是一个投资者，但可供投资的只有时间，你必须了解自己买入的究竟是什么。

如何选择你的雇主

大多数行业正在被少数高盈利的大型公司统治。导致这种现象的原因如下：

- 无形投入，比如软件和专利等无形资本，和房地产、机器等有形资本相比，它们在现代经济中的重要性正变得越来越强。
- 网络效应在越来越多的行业逐渐成为主流，越多的人使用一个产品或服务，这个产品或服务对每个人的价值就越大。
- 一些行业中大型公司的新型市场力量创造了合并动力。
- 政府的管制可能进一步巩固有政治联系的大型公司的地位，使得竞争对手难以向他们发出挑战。

- 反垄断部门对竞争力稍差的市场中的大型公司的合并，容忍度越来越高。

考虑到超级明星公司对员工技术及商业的要求十分复杂，这些公司的崛起意味着对于第 1 章和第 2 章中提到的魅力型连接者与帕累托最优型员工的需求量大幅提高。

但这并不等于只有超级明星公司才值得选择。就像不同投资模式存在权衡与牺牲一样，不论在成长型公司、价值型公司还是创业型公司，在不同种类的公司工作均存在权衡。

被称为“赢家”的公司指的是盈利能力强的超级明星公司，“雄心勃勃”的公司是那些希望有朝一日成为赢家（或者被赢家收购）的创业公司，而“被人遗忘”的公司则是陷入困境的公司。

在盈利能力强的赢家公司，你获得了安全保障，拥有稳定收入，知道如果工作做得好，自己有明确的晋升阶梯可以攀爬。但在这里，你很容易被隔绝到一个狭窄领域。如果希望自己具备创业精神，突破各种局限，你也需要更努力地寻找内在动力和优秀导师。

在雄心勃勃的创业公司，现金报酬通常较低，股权报酬通常存在高风险，但这里几乎不存在可能让人身心俱疲的官僚结构，同时你的一部分报酬表现为推动自身实现突破的机会，而在更为成熟的大公司则很少出现这种现象。

被人遗忘的公司可能同时存在赢家公司的官僚主义惰性和创业公司的财务风险。然而，这样的公司也存在被人低估的优势，寻找并强化这些优势，可能为你带来经济和心理上的巨大收获。

HOW TO WIN

IN A WINNER-TAKE-ALL WORLD

第 7 章 把握数字化时代的新机遇

开始人生第一份办公室工作时，我突然需要大量的职业正装。于是我做了这种情况下很多年轻男性都会做的事——去我父亲常去的商店买衣服。正因如此，我拥有了一系列布克兄弟（Brooks Brothers）的衬衫、外套和其他服装。布克兄弟服装公司创始于 1818 年，美国的 45 任总统中有 40 任穿过他们家的西服。21 世纪之初，这家公司在世界范围内的很多地方都设有分店，还有着繁忙的邮购目录销售业务。距离我办公室几个路口远的地方有一家布克兄弟商店，2000 年时花大概 100 美元就能买到一件做工精良的衬衫。尽管相对我那时的收入，100 美元的衬衫算是相当奢侈了，但这笔投资似乎很值。我可能只是个小小的实习生，但我信奉一句老话："为梦想中的工作穿衣，不要只为现有工作打扮。"

几年后，当我的收入略有提高时，我想拥有比布克兄弟市售版衬衫更适合我的衣服。对我来说，那些衬衫过于宽松肥大了。我找到了一个常住香港的裁缝，他会定期来到华盛顿，租下酒店房间，量好我的尺寸，向我展示各种布料小样，按照我的要求定制符合我身材及偏好的衬衫。6 到 8 个星期后我会收到衬衫，价格只比布克兄弟略高，大约 120 美元一件。考虑到衣服如此合身，这样的奢侈享受同样很值。

又过了几年，我发现了 Bonobos 这个品牌。这是一个创新型男性服装品牌，生产的衣服时尚大气，更重要的是，通过高效的门店销售网络，你可以亲身体验试穿，订货后一两天就能收到衣服。Bonobos 的衣服和之前订制的衣服一样合身，而且更便宜，每件大约 73 美元。我可以上网订购，几天后送达，不需要支付任何额外费用。

2017 年，两家世界级的大公司对最高层面的公司战略进行了调整。而这些调整，也对我的着装选择产生了影响。

一方面，亚马逊推出自主品牌 Buttoned Down，出售做工精良的男式衬衫，但只面向 Prime 会员用户。这些衬衫每件售价仅 40 美元，但穿起来和更贵的 Bonobos 衬衫一样舒服。

另一方面，沃尔玛出价 3.1 亿美元，收购了 Bonobos。

不到 20 年，我从在拥有 200 年历史的传统零售商处购买衬衫，转为向裁缝订制衬衫，又见证了两个超大型公司为了“统治”人类生活的一切，为了争夺顾客的衣柜而激烈竞争。实际上，亚马逊和沃尔玛都认为，他们可以利用软件更有效地管理供应链，以此卖衬衫赚钱。他们希望提供更好的网上购物体验，激励顾客成为回头客，同时运用科技更好地向顾客推送符合其品位的商品。

表面上看，这似乎只是一个有趣的现象，可内里却有着更为深刻的意义。这种变化反映了一个现实，越来越多的行业开始采用数字技术，连看起来极为传统的男式衬衫的销售也开始发生变化。几乎所有职场人都在使用和帮助设计软件，包括那些设计、销售男式衬衫的人。当然，这并不是说每个人都是，或者应当是程序员，但这确实表明，你需要理解并接受一个现实：在 21 世纪的竞争中，拥有更好的软件将具有越来越重要的意义。

必须了解数字技术

2011 年，颇具影响力的风险投资人马克·安德森在《华尔街日报》上发表了一篇名为《为什么软件正在吞噬世界》(Why Software Is Eating the World)的文章。安德森表示，数字技术的崛起导致每一个主要行业都在经历动荡，一个企业的成败将取决于其能否适应这个全新的世界，并引领上述变革。几年后再读这篇文章，最让人惊讶的是，安德森当年的一些具有争议性的论断，如今已经成为被普遍接受的主流观点。比如，文章中的很大一部分都在反对当时科技股处于新泡沫的主流观点。文章发表那天，亚马逊的股价为 179 美元，7 年后，亚马逊的股价是当时的 9 倍。

比股市跌宕起伏更有意思的，是安德森描述的、随后几年这股力量的释放形式。正如我们在这本书中反复看到的那样，电影、汽车、酒店这些形形色色的行业，这些传统上不会被看作“科技产业”的行业，谁能利用计算机技术更为高效地提供产品或服务，谁就拥有更大的成功机会。我们可以思考以下几个例子：

2018 年，迪士尼在两个传统业务中感到了巨大的压力：愿意支付不断上涨的票价而前往电影院看电影的人越来越少；年轻人越来越不愿意订阅有线电视服务，而这一服务是美国娱乐和体育电视台(ESPN)及迪士尼拥有的在其他有线电视台的重要收入来源。为了应对这些挑战，迪士尼押下重注，决定搭建流媒体服务平台，与奈飞展开竞争。换句话说，一个以创造令人难忘、融入社会文化记忆的角色著称的百年公司，其成败将要取决于能否推出一流的数据压缩、推荐算法，能否创造出一流的互动型用户体验。

石油公司也在开展某种形式的计算机竞赛。有了超级计算机，石油公司可以更准确地预测出哪里值得钻探，以及如何维持现有产能。英国石油公司的一位高管告诉《华尔街日报》，公司可以用在阿拉斯加州积累了 40 年的运营数据建模，以更少的人工成本维护长达 2 000 公里的石油管道，就是因为计算机能够更准确地预测哪里的管道更容易出现腐蚀。

贝莱德（Black Rock）是世界上最大的资产管理集团，2018 年初受其管理的资产总额达到 6.3 万亿美元。但贝莱德并不认为自身最大的优势和增长领域是传统的代表客户买卖股票和债券的业务，相反，他们提供了一个数据平台，帮助客户在投资时做出更好的决定。1988 年，贝莱德的阿拉丁软件（Aladdin）最初只是一个内部风险管理工具，到 2017 年时，使用阿拉丁软件的机构投资者已经达到 85 家，管理的资产规模达到 20 万亿美元，每天能够完成 25 万笔交易。贝莱德的 CEO 拉里·芬克（Larry Fink）预计，2022 年时阿拉丁软件的授权费用将占公司年收入的 30%。

2017 年，重型农用及建筑设备制造商约翰·迪尔（John Deere）收购了一家名叫蓝河科技（Blue River Technology）的公司。蓝河科技拥有的有形资本不多，但却拥有创新型软件，可以通过光识别和机器学习算法区分杂草。

这就让我们联想到，所有公司一定程度上均成为软件公司的现实情况对管理自身职业生涯的意义。有人可能冲动地听从类似“学习编程”这样草率的建议，尽管这个建议不能算错，但显然不够全面。一方面，很多人天生不适合做程序员；另一方面，越来越多的初级编程工作逐渐成为收入较低的廉价工作。

从更根本的角度出发，这些公司未来会聘用越来越多的非程序员。“所有公司都是软件公司”并不意味着“每个员工的工作都是设计软件”。无论英国石油公司的超级计算机的计算能力达到多少千万亿次，公司归根结底还是需要石油工程师、化学家和会计师；贝莱德需要能够运用财务数据软件为客户服务的交易员；迪士尼需要卓越的创意思维，构思出新的足以令票房大爆的电影角色，而这些人很有可能对数据压缩或推荐算法一无所知。

但这也不等于非技术专家可以忽视数字技术在这么多公司中不断提高的重要地位。我反复听到这样的说法，他们需要理解这些变化，也要为了成功而渴望并能够调整自身的工作方式。

这在实践中意味着什么？这对一个正在摸索职业生涯发展路线的人，特别是一个非技术专家来说，又意味着什么？为了找到答案，我拜访了另一家试图争夺我的衣柜的生产衬衫的公司，这家公司站在了利用软件生产服装的前沿。

当软件吞噬整个世界

2007 年，阿曼·阿德瓦尼（Aman Advani）找到了大学毕业后的第一份工作——战略顾问。这份工作的主要内容是星期一早上飞到一个客户所在的城市，一天工作 18 个小时，星期四晚上飞回家。第二个星期继续重复这样的工作流程。用年轻顾问喜欢的话说，怎么保管正装是个“痛点”。

“如果没有在周末取回干洗的衣服，你很有可能需要在俄亥俄州哥伦布市寻找早上 6 点开门的服装店，想办法买一件衬衫。”阿德瓦尼表示，“很快你就会明白，不得不担心熨衣服、干洗和汗渍是件多让人痛苦的事，一天工作结束后，你会发现自己一团糟。”

阿德瓦尼也许因为需要在漫长的工作时间里穿正装而感到烦恼，但到了晚上，就是另一番场景了。吃完晚饭，他会换上运动服（一般是耐克的 Dri-FIT 系列），在酒店大堂继续工作。这些运动服穿起来远比正装舒服，这种衣服可以跟着身体一起伸展，还能吸收汗水保持身体干燥。阿德瓦尼坚信，这样的舒适度让他的工作变得更有效率。“我在晚上的工作效率特别高。”他说，“晚上 9 点，我总是穿着运动服赶工。”

作为一个训练有素的工程师，阿德瓦尼开始动手，尝试改装自己的衣服。其中一次尝试以惨败告终：他试图把胶带贴在正装袜里面，确保袜子在工作时间里不会滑落，事实证明，对于一个腿毛茂密的人来说，这是一个让人无比痛苦的错误。另一个试验取得了更好的效果：阿德瓦尼剪掉了一双黑色羊毛正装袜的脚底部分，并把袜筒部分缝在了一双耐克 Dri-FIT 袜子上。任何碰巧看到他小腿的同事都会以为他穿的是标准的正装袜，实际上，他的脚底是能让汗液迅速被吸收且更舒适的高科技面料。

无独有偶，在几千公里外的地方，吉汗·阿玛拉斯里瓦尔德纳（Gihan Amarasiriwardena）也在做类似的事情。

几年前，阿玛拉斯里瓦尔德纳还是一个在麻省理工学院攻读化学及生物工程专业的本科生。他是个认真的跑步爱好者，正装衬衫的吸汗性不如跑步时穿的衣服，让他很是恼火，于是他剪下跑步时穿的衣服，把材料缝在了正装衬衫里，自己动手实现目标。2011 年，阿德瓦尼前往麻省理工学院攻读 MBA，一位教授注意到两人的兴趣有相似的地方，决定介绍他们认识。没过多久，两人和他们在麻省理工学院的同学基特·希基（Kit Hickey）、凯文·拉丝塔基（Kevin Rustagi）一起决定从商，他们在募资网站 Kickstarter 启动了一项筹款活动，希望向市场推出使用高科技面料的正装衬衫。他们将公司命名为“军需部”（Ministry of Supply），这个名字借用了第二次世界大战时期英国军用供应部门的名称。

这4个人在创建公司时所做的一些工作和传统服装行业的一样，有过服装行业经历的人，一眼就可以看出。比如，他们会离开位于波士顿的总部，前往位于纽约的制衣区，确定生产商和分销商。但实际上，他们的大部分工作是与服装行业整体不同的战略和工作方式。

举个例子，传统上，设计师会在纸上画出衬衫样式，然后挑选面料，缝制出样品后让模特穿在身上在T台走秀。随后，生产衬衫，分发到各家门店，祈祷消费者购买。军需部公司则选择用科技公司的方式开发产品，信奉“最小可行产品”、“迭代设计”和“拆分测试”这些理念。他们会推出50件到100件衬衫进行小型产品测试，测试在大规模生产前哪些面料和设计能够得到消费者的认可。“工业设计就是要建立在这种审美与实用平衡的基础上，这也是我们采用的设计流程。”阿玛拉斯里瓦尔德纳表示，“设计一个原型，进行测试，再利用反馈意见打造新的版本。很少有时装品牌在T台展示前就推出产品，我们正好相反。”

在军需部公司，设计流程、市场营销和生产过程互相交织。从一开始，公司就在使用包括CLO在内的3D设计软件设计服装，这个软件与皮克斯等电影公司使用的设计软件属于同一类型。设计师不再用铅笔在纸上画出衬衫或外套样式，而是从设计之初就在考虑衣服的真实形态，而这个流程开始于人体模型。每一件新设计出来的衣服都会经过测试，确定在人体肌肉和骨骼运动状态下的形态，同时确定遇到体温变化和出汗时会出现什么反应。“如果采用传统设计流程，我们会使用假人了解衣服的适配度，”阿德瓦尼说，“但如果使用设计软件，我们可以根据一个人直立时的具体情况进行设计，再以他们腿部移动时的情况调整设计。我们可以改变面料的张力，了解一种面料能够承受多大的压力，然后我们可以说：‘背面太紧张，所以我们需要设计一个特殊的嵌条，释放一定压力。’我们不需要真的做出样品也能进行这样的迭代设计。”

按照阿玛拉斯里瓦尔德纳的描述，服装行业过去几十年过于强调将产业转移至廉价劳动力地区，比如 20 世纪八九十年代向中国转移，如今则是向越南、孟加拉国和埃塞俄比亚转移，但在把握先进技术的优势方面明显投资不足。“服装行业的发展出现了停滞，”他说，“我们还没感受到摩尔定律的效应（也就是最近几十年计算机处理速度显著的指数级增长），因为服装行业还没接触数字时代。但我们开始越来越多地在设计和生产方面让这些变为现实。”

服装行业发生改变的最极端例子，就是未来可能向 3D 编织机器转移，而这些机器实际上就是能做裁缝工作的机器人。这项技术在 2018 年仍处于发展早期阶段，但军需部公司已经开始了这方面的试验。在其位于波士顿纽贝里街的门店里，军需部公司放置了一台价值 19 万美元、能够定制编织外套的机器。这个庞然大物拥有 4 000 个针头，由于体形过于庞大，公司不得不暂时拆除商店的大门才能把机器搬进店内。这台机器可以按照买家的身材和颜色偏好定制服装。不难想象，谁拥有最好的制衣机器人，谁就拥有未来高端服装行业的天下。

以上事实均有助于解释亚马逊和沃尔玛的数字部门试图向我卖衬衫的原因。一个过去始终由手工技艺和劳动力统治的行业，正在转变为信息经济占据主流的行业。服装行业的赢家不再是那些能够锁定最廉价劳动力或者拥有最大门店网络的公司，相反，赢家将是那些能最好地利用信息技术设计服装、将设计与生产流程整合为一体并利用软件控制生产的公司。他们可能是亚马逊和沃尔玛这样的大赢家，也可能是类似军需部公司这样的创新企业。而现存的有可能被人抛在脑后的公司，要么重整旗鼓以新形象示人，要么让人意外地苟延残喘很长一段时间。阿玛拉斯里瓦尔德纳表示，彻底改造的难度可能高于预期。

“人们总是问我：‘为什么布克兄弟不这么做？’或者‘为什么香蕉共和国[①]公司不这么做？’”他说道，“答案就是，他们需要重新设置全部设计和生产流程。没有任何生产布克兄弟衬衫的工厂如今愿意购买超声波焊接机，我们之所以了解这个情况，是因为我们接触并问过他们这些问题。或者在 Gap 的案例中，你讨论的是让一个价值 160 亿美元的公司转向全新的工厂设计，你讨论的是聘用一个由一半工程师、一半传统设计师组成的团队。这没那么简单，这是生态系统发生变动。”

不论服装行业未来变成什么样，有一点是非常清楚的：竞争环境正在发生变化，希望在其中茁壮发展的人需要随之做出改变。在软件吞噬整个世界的时代，在时尚行业工作意味着什么？阿德瓦尼和阿玛拉斯里瓦尔德纳进入这个行业时拥有工程学背景，可如果你没有这样的技能，如果你关注的是服装行业的另一环节，比如纯粹的时尚审美，你又该怎么做？

随着军需部公司不断发展，产品不再限于正装衬衫和袜子，而是向不同服装品类发展，同时提供男式和女式服装。阿德瓦尼和阿玛拉斯里瓦尔德纳知道，仅靠工程学是不够的，他们需要既理解设计技术问题，同时还懂得如何管理整条生产线的人，他们能生产出人们无论工作还是日常都愿意穿的衣服。于是他们聘用了在时尚界工作多年的人。事实上，我和这个人有些个人联系，尽管我从未听过他的名字。在 2001 年我还穿着那些衬衫时，加拉

① Banana Republic，美国时装品牌，为 GAP 集团下偏向贵族风格设计的产品线。——编者注

斯·梅利特（Jarlath Mellett）就是布克兄弟公司的设计总监。

你不必成为技术专家

1981 年，带着来自爱尔兰羊毛织工协会提供的资金，梅利特第一次来到纽约，进入纽约时装学院。在美国工作、生活了近 40 年，梅利特才刚刚改掉他轻快的爱尔兰口音。他的专业是针织。

梅利特在纽约时装界一直工作到 20 世纪 90 年代中期，随后被布克兄弟聘请为公司的设计总监。这家服装公司实在太过传统，多少年来他们生产的衬衫、西服都大体相同，通常只会对衣服做出微调，以适应潮流的变化。梅利特的办公室就在门店楼上，他们的总部就在纽约麦迪逊大道装修漂亮的门店上方。梅利特的任务是加强公司的设计审美，为公司注入更为时尚的元素。“研究了公司的设计传统后，我意识到这就是一个金矿，有很多好东西值得挖掘，”梅利特表示，“我所做的就是稍稍做出改变。比方说，让衬衫的颜色变得更明亮；把那条红领带的颜色调得更亮，配上格子衬衫，做一个颜色搭配系列，用橙色、紫色或者不同色度的粉色。”他们试验了新型的免烫型面料，想尽办法让这家生产木炭灰色男式西装的公司的工作环境变得更为休闲。

变化不大的只有设计流程。梅利特会打开绘图板，在上面画出设计图，再缝制一个样品。完成设计后，比如完成一个针织套衫后，他会把一系列手绘的各个角度的设计图、手写的尺寸与细节设计发送给工厂。这与他 20 世纪 80 年代在学校学到的设计流程并无二致，也是过去几百年服装业最熟悉的做法。

梅利特后来进入连锁服装品牌艾迪·鲍尔（Eddie Bauer），做着类似的工作，接着进入时尚品牌希尔瑞（Theory）负责女式服装设计。那是 21 世纪初，那时服装设计流程已经开始改变。梅利特仍然采用手绘方式设计，但同事会把他的设计输入计算机中的设计软件，软件会将他的设计变为一组可以在公司内部分享的文件，于是供应链部门可因此确保向工厂提供合适的面料，营销部门可以确定第二年的销售方案。“你能了解面料的产量，可以修改尺寸，可以换扣子、拉链和衬料。在一个地方你就能解决所有问题。”

但时尚界让梅利特产生了筋疲力尽的感觉，他不得不费尽心机地维持在时尚界的地位，虽然反复生产基本一样的服装，却还得想办法把颜色或材料的细微改变描绘成重大变革。所以 2005 年，他离开时尚界，创立了一家室内装修设计公司，不再设计衬衫和外套。2013 年接到军需部公司的电话时，他就是在做室内装修设计工作。阿德瓦尼和阿玛拉斯里瓦尔德纳邀请他参与一个一次性项目，设计一件男式西装。“我记得我对自己说：‘好吧，如果我喜欢这个项目，我就会去接受这份工作，否则我没有重返时装界的意愿。’”梅利特说道，“引起我兴趣的是，我可以提出‘服装能够成为什么’这样的问题。仔细想想，电话从转盘式发展成了现在的样子（说这话时他拿着 iPhone），而服装没有发生太多变化，无论是面料上的科技、设计，还是穿在身上的形式。”

当梅利特谈起他在军需部公司担任设计总监的工作与他在类似布克兄弟及艾迪・鲍尔这些更传统的服装公司工作的区别时，我们可以越来越清楚地看到，设计技术根本不是真正的区别。3D 设计软件、编织机器人、显示穿戴者活动时衣服拉伸情况的先进模型，这些都很重要，但梅利特却在强调这些表象之下的心态和思维方式。“我们不会只为了做衣服而向市场推出衣服，”梅利特表示，“我们必须掌握消费者真正想要某些衣服的证据。

我们会进行大量的实地测试，大量听取消费者的意见，了解他们的生活。假如直觉上认为他们有什么需求，你可以进行测试。”[①] 在过去的时装业，设计师几乎从不与消费者互动。“我们更多地会说：‘那是我们去年销量最好的线衣，所以我们应该继续生产同样的产品。’”

“你的正装衬衫，是谁生产的？”梅利特问我。那天我穿了一件 Bonobos 的浅蓝色衬衫。“看起来是牛津布，对吧？这种面料大约出现于 1864 年，至今没有出现任何改变。我现在对能织出更轻但延展性同样出色、能跟随身体活动还能有效吸汗的布料的细针距机器很有兴趣。这让人感到兴奋。”

没人会误把梅利特看成软件工程师。实际上，他还是喜欢用铅笔在纸上画出第一版设计图。同事会在 3D 设计软件中更好地呈现他的设计，接着进行数字绘图，启动针对服装适配度、散热性等方面的测试流程。不过，梅利特对拥有自己未掌握的深度技术能力的同事和合伙人抱有由衷的敬意和热情。当他们坐下来设计机器编织的外套时，他会花几个小时和那些了解如何指示机器工作的程序员一起，测试机器的能力和局限。“你可以看到一切。你可以放大细节，观察针头怎么编织，都是很神奇的东西。两天后我们就能拿到样品。这件事的美好之处在于订制化，我觉得这就是未来，这让我非常激动。最终，每个人都能按照自身尺寸订购服装。”

当梅利特谈及服装行业变为数字技术行业时，很明显，他没有孤立地谈论任何元素。重要的不是 3D 设计软件，也不是机器人。按照梅利特的

① 测试是推动技术进步与科学决策的强有力工具，无数的历史与现实都验证了这一点。请阅读《测试的力量》一书，了解测试作为工具的历史及其在现代生活中的应用。这本书中文简体字版已由湛庐引进，中国财政经济出版社 2022 年 3 月出版。——编者注

说法，重要的是“一切的结合，与客户更好地沟通、收集所有客户信息、生产出符合他们要求的产品的最好技术”。

我们几乎可以肯定，梅利特在 20 世纪 80 年代初的学习对象和设计伙伴早已淡出这个行业，如今，更多的人会在更关注软件与工程而非传统设计方式的公司中陷入挣扎。究竟是什么让梅利特如此不同？归根结底，他仍然会在纸上画出设计图，尽管他一行代码也写不出来。

与梅利特和他的几个同事交流后，给我留下最深印象的，是军需部公司对他的需求，他们需要他将几十年设计职业服装的经验，与先进的高科技结合在一起。梅利特具备设计能力，他虽不是技术专家，但他对新技术为服装业带来的新机遇保持开放心态并由衷地感到兴奋。公司的两个创始人是在麻省理工学院接受培训的工程师，他们需要这样的人。

梅利特的成功让我想起了过去这些年我在媒体界的很多同事。在互联网彻底颠覆传统媒体商业模式后，其中的一些人取得了巨大成功，其他人要么被买断，要么失业。那些生存下来并成功的人们有一个共同特点：他们并不倾向于成为技术专家。互联网时代我认识的很多才能出众、获得成功的记者，对读者手机上如何显示文字或图片的技术一无所知。

相反，互联网时代的成功记者与互联网时代的时尚设计师加拉斯・梅利特之间的共同点，是他们对科技创造的新机会充满好奇与热情。他们意识到，想要适应数字时代的改变，不能只是简单地对过往做法做出细微调整，而是要重新思考完成工作的全部流程。数字时代在媒体行业取得成功的员工，并不是简单地像过去几代新闻人那样写文章、再把文章发表到网上，他们重新定义了工作流程与产品，以便抓住新技术带来的机会。和梅利特一样，数字时代成功的时尚设计师不会满足于只对产品的颜色做出调整，而会从原则上重新思考整个设计、生产与销售流程。

总而言之，越来越多的行业从核心上转变为软件行业，尽管这并不意味着所有人都要成为技术专家，但每一个人都应当最大限度地利用新技术。

成为自动化工作者

在被数字革命颠覆的行业中摸索职业发展道路，尽管梅利特的方法很有用，可只有态度是不够的。这个革命的本质，就是彻底淘汰特定种类的工作与技能。如果突然出现特别擅长设计衬衫、外套和西服的软件，梅利特调整工作方式、适应服装行业向软件行业发展的能力也不会起到多少作用。

在计算机变得越来越聪明、机器人变得越来越灵巧的时代，一个想拥有漫长而成功的职业生涯的人究竟该怎么做？

作为麦肯锡咨询公司研究未来工作形态的合伙人，作为一个即将面对现实社会的青少年的父亲，詹姆斯·马尼卡（James Manyika）在这个问题上投入了大量的时间和精力。马尼卡的团队属于麦肯锡全球研究院，这是麦肯锡咨询公司内部的智库，他们的工作之一就是确定不同工作的各种细节，了解哪些工作最有可能被机器取代，哪些工作相对安全。

一家名为 O*NET 的研究机构花费数年时间，考察了数百份工作，分解出每份工作的具体构成。比如，在零售商店担任经理看起来是份简单的工作，但 O*NET 把这份工作分成了 21 个不同的任务，零售商店经理需要 24 种不同的技术能力，需要进行 23 种工作活动等。对大多数人能够想到的工作，O*NET 都把它们从本质上分解成不同的组成部分。与此同时，麦肯锡的马尼卡团队则按照计算机现在和未来可预见的执行任务效率对 2 000 个不同任务进行交叉对比。研究结果最终形成一份图谱，显示哪些工作最有可能被数字技术取代，哪些在目前来看相对安全。

让人印象最深刻的是，他们得出的结论不是简单的“高技术工作安全，低技术工作濒危”。实际上，濒危工作遍布图谱的任何位置。工作的具体构成，比工作涉及的技能水平更为重要。

“让我们对比一下会计和园丁，”马尼卡说道，“第一个问题是纯粹的技术问题。会计需要进行的一系列活动，对自动化操作来说更简单吗？这是技术问题，他们会分析数据、解读数据，做这样的工作。分析园丁的工作也是如此。园丁需要识别、挑选不同的东西，用正确的方式手工修剪玫瑰。想在一个之前从未见过的无规律的环境中管理花园，这需要非常复杂的机器人。当你提出这些问题时，你就会得出会计其实比园丁更容易被自动化机器人取代的结论。”

了解自动化经济后，以上结论就会变得更加可靠。“在会计这个案例中，只要有标准的计算平台和软件，大部分工作就可以由自动化机器完成，而且成本会下降。与之对比，在园丁的问题上，即便能够解决技术问题，你仍然需要制造一个包含了各种极其复杂的零件的机器。”此外，会计的收入一般高于园丁，这让整个经济环境更向他们倾斜，也让他们的工作变得更为专门化，进而导致雇主更能寻找到这样的员工。最后还有“社会接受程度”因素。没有人真正知道或者在乎一家公司在幕后如何管理账簿，但如果邻居用一个巨型机器人园丁修剪灌木丛，大概所有人都会觉得莫名其妙。

同样的机制也适用于所需的教育与收入类似的工作。在医疗领域，我们可以对比急诊医生和整天研究 X 光的放射科医生。急诊医生更像园丁，需要处理积液、改变环境、快速诊断并对症下药，前一分钟还在修复骨折，后一分钟又要处理心脏病患者，接着还要对一个患者究竟是精神疾病还是生理疾病迅速做出判断。在可预见的未来，没有机器人能取代这样的医生（但这并不是说未来不会出现可以提高急诊医生效率的新数字技术创新）。放射科医生更像会计，他们以结构化方式应用知识，更有可能在软件变得更聪明时被取代。

在法律领域，客户的代理人、在法庭上面对陪审团的出庭律师，未来大概比整日审查合同、确保文字严谨的合同律师更有职业保障，后者的工作毕竟是重点集中于流程的。

重要的是，我们可以找到那些有可能遭到淘汰的工作的共同点，也能找到相对安全的工作的共同点。对于正在摸索职业发展的人来说，他们只有两种选择。一种选择就是重点关注难以被自动化机器人所取代的领域，这些工作要求的能力与计算机和机器人的能力存在明显区别。也就是说，要寻找自身领域的园丁型工作。另一种选择，就是让自己成为制造机器人的人，而不要成为被机器人取代的人。也就是说，你要成为确定算法的人，你要成为让计算机具备会计、放射科医生或合同律师能力的人。因此，你需要吸取本书前几章提到的成为帕累托最优型员工的经验教训，即成为同时拥有会计与软件工程、医学和影像技术、合同法和自然语言处理流程深度知识的人。这条路并不好走，但在如今人工智能与机器人技术越来越先进的世界中，这是一条清晰的通往成功的路。“那么多取得突破的人具有多学科背景，这一直给我留下了深刻印象，”马尼卡表示，“尽管看上去具有单一专业能力的人越来越多，但市场的供求关系却在向具有多学科能力的人倾斜。”

可在现实中，在应用先进数字技术解决根植于现实而非虚拟世界的高难度问题的公司中工作，究竟是怎样的场景？一个只有单一专业背景的人，如何转变为拥有多学科能力的员工？现实中“成为‘自动化人’，而非被自动化取代的人”，究竟是什么意思？

埃琳·谢尔曼（Erin Shellman）本科主修经济学和进化生物学。2012年，她在密歇根大学获得生物信息学博士学位。尽管研究的是生物科学，但她的爱好并非实验室研究。她真正的兴趣在于处理信息，用计算机分析遗传密码及其他极端复杂的人体数据。“我从来也算不上实验室科学家。”她表示，一般提到生物研究时，人们的大脑中总会浮现出在实验室里做研究的人物形象，“我的硕士和博士学位都是以编程为基础的研究。”

这大概就是谢尔曼博士毕业后投入到全然不同的领域的原因。她在诺德斯特罗姆数据实验室（Nordstrom Data Lab）找到了第一份工作，这个实验室是高端百货商店诺德斯特罗姆的一个部门。在这里，谢尔曼的工作是研究产品推荐，设计出算法，预测购买雨果博斯（Hugo Boss）墨镜的人未来是否会购买 Michael Kors 的手表。离开诺德斯特罗姆后，谢尔曼加入了亚马逊网络服务部，她需要分析大量数据，了解用户使用云服务的方式，进而提高亚马逊的服务效率。尽管很喜欢在诺德斯特罗姆和亚马逊的工作，但谢尔曼认为，不能充分利用那些年学到的遗传及分子生物学知识显然是一种浪费。

与谢尔曼相对，肖恩·曼彻斯特（Shawn Manchester）在麻省理工学院攻读化学工程博士学位时，则是一个标准的实验室科学家。在他口中，“聚合酶链反应”这种复制 DNA 的技术就像是一种艺术。“根据一个人用移液管从试管里吸液时的角度，你就知道那个人在实验室里工作了多长时间。”他说，“如果是新手，你会这么做，”他边说边拿起一个试管演示。“如果有经验，你会这么做，”说这话时，他展示了正确方法，“学习的过程几乎和学弹钢琴一样。”

取得博士学位后，曼彻斯特心里却有了一种恐惧感。这些年他一直在接受培训，了解并研究酵母的 DNA。在一个酵母遗传研讨会上，他听到 Zymergen 公司的联合创始人谈到，搭建一个平台，可以让研究人员按照自己的要求订购修改过基因的不同酵母菌株。

“说实话，我吓坏了，因为我真正擅长的就是制作酵母菌株。”他说，“很快我就意识到，制作酵母菌株的能力可以被机器人取代，那样的话我就没工作了。”假如你花了 6 年时间学习弹钢琴，但有人发明了技艺远比你高超的机器钢琴手，你该怎么办？

如果不能打败他们，那就加入他们。谢尔曼和曼彻斯特都加入了 Zymergen，我在位于加利福尼亚州爱莫利维尔的公司总部和他们见了面。

这家公司由前商业顾问兼银行家乔舒亚·霍夫曼（Joshua Hoffman）、生物物理学家扎克·瑟博（Zach Serber）和生物化学家杰德·迪恩（Jed Dean）共同创建。很多行业的公司需要微生物合成的产品，或将其直接用于公司产品，或从中得到其他方式难以获得的化学物质。这是红酒和啤酒生产流程的重要组成部分，也是高档香水香味的来源，还构成了无数重工业生产流程，包括农业、能源和医药行业。

传统方式是，上述研究一般使用和曼彻斯特一样的方法，在实验室进行。其中，穿着白色工作服的研究人员需要思考如何从基因上修改酵母菌株，使其能够产生生产新型抗生素所需的化合物。通过劳动密集型的实验室工作，研究人员祈祷以正确的角度将吸液管深入试管以避免污染。运气好时，他们也许能够得到想要的结果，但更多时候，他们得到的都是无用的结果。

研究人员受限于自身的直觉与本能，也会受到人工操作样本的固有物理限制。一个酵母细胞可能含有 5 000 个基因，其中每个基因都可以用数不清的方式进行处理。将机器学习与机器人科学结合在一起后，Zymergen 可以探索研究人员根本不可能进行的各种尝试。用曼彻斯特的话说就是："考虑到生物学设计发生的方式，在随机误差、新起源和进化的背景下，理解这些现实的最佳方式，可能不是通过理性的人类大脑，对吧？这些机器学习算法很有可能更擅长做这些事。"

霍夫曼、瑟博和迪恩相信，将最新的机器学习与机器人技术应用到分子生物学研究上，他们能更快地获得更深入的理解。他们不再需要研究人员花费数周时间测试最新理论。比如，机器人可以同时检测数百个修改过的酵母 DNA 并计算结果，复杂的算法可以处理所有结果数据，识别出可用于未来开发的最有前景的菌株。乐观地说，这可以在材料科学界引发新的革命。"过去一个世纪，材料科学的创新都是建立在对原油分子研究的基础上。但在过去几十年，科学创新确实在减少，"迪恩表示，"我们没有看到多少新材料，因为混合、搭配各个部分的方式是有限的。但生物为材料科学提供了一套全新的构成元素。"

本质上说，不管从科学角度看有多复杂，他们实际上是想用先进的计算机技术解决所有传统的经济问题，也就是如何创造出一种对社会更有用的新材料。可为了实现这个目标，他们需要与诸如数据科学家谢尔曼和生物研究人员曼彻斯特这样的人高效合作。

“事实证明，我在研究所时学到的所有分子生物学知识都是非常有价值的。但真正重要的是，那不是孤立的价值，对吧？”曼彻斯特说道，“想成功搭建这个平台，唯一方法就是和有着与我不同的知识背景、说着不同知识语言的人紧密合作。”

事实上，不论是 Zymergen，还是其他我采访过的公司，“语言障碍”这个说法反复出现，成为用技术解决问题的障碍之一。

“我能轻松地说出‘确保你在颗粒物上吸液，这样吸上来的才是上层清液’，”曼彻斯特表示，“但自动化工程师会说：‘你在说什么？我听不懂。’”

面对来自谢尔曼团队的数据科学家和软件工程师时，生物医药工程师西塔尔·穆迪（Sheetal Modi）表示，重要的是深入研究问题的根源，不要提供过多的技术细节。“我觉得就像给孙辈或五年级学生做解释一样，就是把问题简化为‘我要做的事，最本质的核心是什么？’”穆迪表示，“事实证明，如果真的触及问题核心，你可以剥离很多随机的技术细节。”这就是谢尔曼的工作尤其出色的原因——她能把从生物学家那里获得的信息翻译成软件工程师及数据科学家听得懂的语言。

公司人事部门主管朱迪·吉尔伯特（Judy Gilbert）用“直升机上下”描述这种能力，指的是一个人在任何对话中都可以自由调节有关技术细节问题的讨论内容，以对应对方的能力和待完成任务的要求。“你是在寻找一个共同高度，这样才能真正完成工作。”她说，“你可能需要减少细节问题，着手执行方案，或者增加细节问题，向其他人描述，让他们参与讨论。这里的员工最擅长的就是确定在特定对话中需要提出什么程度的细节问题。”

正确的态度是高效完成上述目标中必不可少的要素。“你需要成为一个真正谦逊的人，性格必须非常谦虚，因为你时刻都会感到自己的渺小。”谢尔曼表示，“和机器人专家、数学家和生物化学家一起开会，而且每个人都是各自领域的专家，这种情况并不罕见。参加这样的会议，最重要的是学习。所以，假如你的心态固定不变，在这里你是不会感到快乐的。”

联合创始人迪恩讲述了早期谦逊、开放的心态和在技术讨论上不断调整、碰撞、融合时，使自己产生的一个顿悟。身为科学家，面对如何从基因上创造新酵母菌株的问题，他的本能和在实验室里进行人工操作的科学家一样：在这个微生物的 5 000 个基因里，确定 10 个最有发展前景的基因并进行处理，再找出 10 个发展前景次优的基因并进行处理，以此类推。但谢尔曼意识到，迪恩描述的问题更接近软件工程师面临的问题，只不过软件工程师采用了另一种方法并且取得了很大进展。这个问题就是上网搜索。迪恩表示：“当你和做数据科学的人聊天时，他们会说，‘等等，你有 5 000 个基因，有接近无数个改变基因的方法。我们说的不是你需要按照优先顺序进行研究的等级序列问题。这是一个搜索问题。我们在这里说的是搜索，因为我们对问题的复杂程度了解不够’。”

类似迪恩和曼彻斯特这样的分子生物学家让自己成为“自动化的人”，而不是被自动化淘汰的人。无论 Zymergen 未来如何发展，他们都让自己处于代表工业科学未来的研究模式中。而像谢尔曼一样的数据科学家和像穆迪一样的生物学家可以把自身的软件开发与分析能力应用于能够长期造福人类的基础科学研究中，而不是只用在优化产品推荐引擎或略微提高广告效果这些琐事上。

能够取得上述成就，是因为这些人首先察觉到了改变，主动出击，成为改变的推动者，而非受害者。他们之所以能够成功应对生物学研究向软件业务发展的改变，靠的是开放和谦逊的心态，及其调整沟通方式、适应其他人专业技术水平的能力。其中的经验适合任何所在行业即将因计算机的智能化提升而受到颠覆的人。换句话说，适合我们所有人。

如何把握数字化时代的新机遇

如今，几乎所有主流行业，从能源到农业、从金融到媒体，其核心都变成了软件行业。想在 21 世纪拥有成功的职业生涯，你必须要了解数字技术。

这并不意味着所有人都要变成程序员，也不是每个人都应该变成程序员。各行各业仍然为非技术人员保留了重要的生存空间，但前提是，他们必须知道如何在现今的经济环境下高效工作。

最有可能被人工智能及其他先进技术取代的工作，是那些涉及重复性过程的工作，而不是那些需要面对变化的环境而即兴发挥、做出反应的工作。

寻找不太可能被技术取代的工作时，你要么选择关注那些需要即兴发挥的工作，要么成为利用先进技术取代其他工作的幕后推动者。

关键在于，你应当大胆想象新兴技术如何提高传统工作的效率，最终成为一个重新改造传统工作的人，不要成为从事的工作被改造的人。

成为一个行业的自动化工作者，不要变成被自动化取代的人。重要的是培养自己“直升机上下”的能力，也就是在不同技术细节中自由游动，可以和其他具有不同专业背景的人沟通。

HOW TO WIN

IN A WINNER-TAKE-ALL WORLD

第 8 章
你不必在一家公司待一辈子

20 世纪 80 年代，帕蒂·麦考德（Patty McCord's）最初的一份工作，是在希捷科技公司（Seagate Technology）担任招聘专员。希捷科技是一家生产计算机存储产品的领头羊企业。很快她就发现，做好这份工作的关键，就是真正理解公司急需的那些工程师的思维方式，以便他们能制造生产硬盘所需的高度复杂的机器人。越能理解这些人的希望、梦想和习惯，她就越能找到合适的人选，并说服他们加入希捷科技。在工作过程中，麦考德找到了一些小窍门。工程师人际关系网中有一些口口相传的神秘餐馆，比如北加利福尼亚州商店街上最好的韩式火锅店，或者印度辛辣羊肉咖喱店。麦考德会前往这些地方，很多这样的餐馆都建议顾客把名片放进前台的玻璃鱼缸里，以便未来有机会赢得一顿免费餐。麦考德会抄下那些名片上的联系信息，确定招聘对象。

正是理解了顶级工程师的思维方式和优先重点，才让麦考德在招聘工作上如鱼得水。随着时间推移，在招聘工作上的成功又让她将注意力更多地转向了战略层面。她不想只关注职位填补，她想了解能让那些工程师和其他优秀人才创造出优质产品的高水平公司背后的战略。于是她加入了太阳计算机系统公司承担更具战略意义的工作，这家公司是当时硅谷炙手可热的公司之一[①]。随后她进入了生产软件的宝蓝公司（Borland），接着又加

① 20 世纪 90 年代初曾在太阳计算机系统公司工作过的人中，包含了未来谷歌、摩托罗拉和雅虎的 CEO。

入了创业公司 Pure Software，并担任人力部门主管。里德·哈斯廷斯是这家公司的 CEO。

最初聘用麦考德，哈斯廷斯看中的是她的招聘工作背景，他认为吸引优秀的软件开发人员是人力资源部门最应该擅长的工作。经过 4 次重要收购合并和公开募股，麦考德得以近距离观察构建可盈利大型公司的各个层面的战略决策。当公司在 1997 年被并购后，麦考德和其他高级管理人员丢掉了工作，不过每人都获得了相当丰厚的“分手费”。随后，她转向顾问工作领域。

大约一年后，麦考德在加利福尼亚州圣克鲁兹（Santa Cruz）附近一家办公用品商店的停车场偶遇了哈斯廷斯。圣克鲁兹位于旧金山南部 90 分钟车程的地方，两个人都住在那里。哈斯廷斯正在购买邮资机给自己寄 DVD，他想测试 DVD 在邮寄过程中会不会破损。哈斯廷斯想出了一个全新的商业创意，那就是让消费者通过邮件获得电影。这个想法在麦考德看来很是荒唐。那时还是盒式录像带时代，百视达（Blockbuster）是市场上占据统治地位的录像租赁连锁店。当时一台 DVD 播放机的售价高达 1 000 美元，所以只有像哈斯廷斯一样的少数富裕“技术宅”才会有兴趣。

几个星期后，哈斯廷斯半夜给麦考德打去了电话。他希望麦考德加入公司，主管人力资源部门。麦考德记得自己这样对哈斯廷斯说：“回去睡觉吧。第一，这个想法太傻了，这是我这辈子听过的最蠢的商业构想。第二，我已经跟你一起做过创业公司了。第三，我现在很开心，每天骑着自行车上班，我的孩子也与我很亲密。我没有理由去干这件事。”但哈斯廷斯反驳道，假如他们能创造出梦想中的公司呢？假如他们能把所有从零开始打造高水平公司文化的理念付诸实践，而不像在 Pure Software 那样把所有时间用在收购合并、应对新人和体系上呢？

“于是我对他说，我想清楚了。”麦考德回忆道。这就是当时她加入那家名叫奈飞的小公司的经过。

隐性契约

当我 2018 年在距离圣克鲁兹海边几个街区外的咖啡店露台上与麦考德交流时，奈飞已经成为世界上最有趣、最受人尊重以及市值最高的公司之一。当时，奈飞的市场资本高达 1 390 亿美元，通过一年投入 80 亿美元制作原创节目，奈飞在娱乐行业已经拥有了举足轻重的地位。在这个背景下，我们很容易就会忘记奈飞早期漫长且坎坷的发展经历。

当麦考德 1998 年底加入奈飞时，正好赶上互联网淘金潮，围绕奈飞的传闻也大量出现了。狂热爱好者表示，奈飞会成为类似于雅虎那样的电影爱好者的门户网站。但公司幕后的经济模式却无法支撑这个说法，那个时代有太多让人激动兴奋的公司面临着同样的问题。向消费者邮寄 DVD 是个亏钱的买卖，同时公司还投入资金雇用员工开拓其他领域的业务，比如在网上发布电影评论，在网站上出售广告。公司全靠风险投资维持，可风险投资在 2000 年时逐渐耗尽，因为投资人逐渐意识到他们投资的很多人气公司不过是得不到任何回报的海市蜃楼。奈飞在 2000 年 4 月融到 5 000 万美元，这是融资市场彻底关闭前最后一批这种体量的融资，可他们必须用这笔资金支撑到公司获得盈利。因此，公司需要大幅降低亏损的速度。为了削减“资金消耗量”，麦考德不得不裁掉三分之一的员工，这意味着类似内容或广告这些非核心部门的几乎所有员工都会失业。

麦考德负责确定离职补偿，最重要的是，她还要和被裁的员工做好沟通。根据过去工作中的裁员经验，她已经有了确定的想法。麦考德希望尽全力避免冗长的流程，避免员工不确定自己是否遭到裁员，避免出现漫长、打击士气的告别。按照她的经验，尽管会感到痛苦，但干脆、高效的流程能让被裁的人和留下的人获益。

那时奈飞的规模很小，因此它可以在位于洛斯·阿尔托斯（Los Altos）的公司总部的停车场召开每星期全员例会。在其中的一次星期五例会上，哈斯廷斯和麦考德宣布，他们不仅计划裁员，而且当天就会进行裁员。“我们不会站在那里告诉他们，最终每两个人就会走一个人，”麦考德说，“我说的是：‘每两个人里就会有一个被裁，如果你的经理叫到了你的名字，让你参加会议，你就要离开了。我这里有很多纸巾可以让你们擦眼泪，我很抱歉。’”按照公司的指示，经理会直接把消息传达给被裁的人，并在当天早上告知离职补偿方案，随后重新把精力投入到留下来的员工身上。

尽管如此，公司仍在亏损。拯救他们的是廉价 DVD 播放机。那年圣诞节，DVD 播放机的售价降到 100 美元以下，美国人把 DVD 播放机当作礼物互相赠送。DVD 播放机的包装中附有一张票状广告页，可以让用户免费试用 DVD 邮寄服务——那是当时资金短缺的奈飞唯一有意义的广告手段。公司的业务开始迅速增长，但资金仍然很紧张，似乎流入公司的每一分钱都被拿去购买 DVD，邮寄给消费者。局势越来越危险。奈飞对自身爆发式的增长三缄其口，他们仿佛不希望百视达或其他资金充裕的竞争对手加入进来，用更丰富的资源压倒自己。幸运的是，百视达并不觉得奈飞是竞争对手，认为他们只是无关痛痒的小人物。①

① 百视达没能意识到奈飞带来的竞争威胁一事已成为商界笑谈。据说哈斯廷斯在资金拮据的 2000 年曾向百视达提出 5 000 万美元就可收购奈飞的需求。

随着奈飞的增长越来越稳定，公司开始寻求公开上市，最终在 2002 年付诸实施。然而，麦考德和哈斯廷斯发现公司遇到了新问题。他们的团队里有很多经历了公司“黑暗岁月”、忠诚且热忱的员工，但并不是所有人都适合在大公司里工作。

比如，早年间奈飞从批发商手中购买 DVD，他们实际上支付着和社区录像租赁店同样的价格。可现在公司已经成为市场上最大的 DVD 买方之一，需要和电影公司直接签订购买协议。早年全权管理供应关系的人，显然已不再是能与迪士尼或 20 世纪福克斯协商价值千万美元复杂合同的理想人选。

“我完成过两次公开上市准备工作，我知道很多人无法满足公司未来的要求，”麦考德表示，“我们的人毫无条件地热爱这家创业公司，对吧？可现在我们要上市了，我们要解决的是复杂的大公司事务。”

这制造了一个两难局面。和两年前不同，他们面对的不再只是依靠裁员就能解决的资金难题，他们需要决定如何处理那些努力工作，但能力和经验不再适合公司未来需要的“好人”。

“我们需要拥有复杂会计业务经验的人，目前这个职位上的员工是一个‘好人’，她工作很努力，但她没有合适的能力。我需要这个人至少拥有注册会计师资格，而她没有，也不想去获得这个资格。她有点想做按摩治疗师。”公司的选择之一，是让这样的员工进入“绩效管理计划”，这是一种委婉的说法，实际上就是给表现不理想的员工有限的窗口期，不能提高就会面临裁员。在麦考德看来，这种做法非常残忍。进入绩效管理计划对员工近乎惩罚，尽管他们没有做错任何事，却要面对痛苦局面被延长的现实。

那是决定公司文化的重要瞬间。麦考德和哈斯廷斯一起开车从圣克鲁兹前往洛斯・阿尔托斯的刮着大风的山路上反复讨论了这个话题。而在执行委员会这边，高层领导已经就如何处理和那个会计情况相似的员工的问题进行了大量讨论。

“针对忠诚问题，我们进行了无休止的讨论。”她表示。奈飞的高管有的来自员工可以在一家公司工作几十年的行业。在这些行业里，只有一贯表现特别糟糕的人才会被解雇。奈飞的市场营销总监来自具有标杆地位的消费品公司宝洁公司，财务总监来自银行业，根据麦考德的回忆，产品部门主管则是一个非常敏感的人。麦考德说，大家总是提出“忠诚怎么办？我们欠这些人什么？”这样的问题。

麦考德支持快速、礼貌的裁员流程，配以丰厚的离职补偿。在她看来，这种做法也许对被裁的人和他们的前同事来说都显得过于强硬，可实际上并不残忍。“真正残忍的是为人们设置好注定失败的陷阱。”麦考德说。她认为，商业界已经养成了一种不愿诚实面对与员工关系的不健康心态。即便商业竞争变得越发激烈，与雇用忠诚有关的旧范式早已解体，但经理人和招聘人员仍然保留了假装认为一个人接受了工作就会在那里工作一辈子的习惯。麦考德尤其鄙视把工作场所称作大家庭的说法，她回忆，2000年大裁员的一天后，她站在一把椅子上说：“我们不是你的家人，好吗？我们没有失去亲人。我们失去的是同事和朋友，他们会去其他地方工作，会继续剩下的人生，希望他们能愉快地生活。‘家庭’是个糟糕的比喻。”

上述气质融入了奈飞的企业文化，这家公司由麦考德从创业初期就加入、并一手打造出来。但麦考德和哈斯廷斯不仅在漫长的通勤路上讨论这些话题，而且也在执委会会议上讨论这些话题，他们还把这些内容白纸黑字地写了下来。他们相信，自己在奈飞打造的文化既重要又特别。他们认为自己正在为帮助富有创意、能力出众的人创造优秀产品而打造最理想的工作环境。如何形容自己打造的高水平公司，他们进行了诸多讨论。如果不是大家庭，那是什么？麦考德记得自己提议用顶尖表演者通力合作的芭蕾舞团进行类比。哈斯廷斯则提出用奥运健儿类比，可由于太多奥运项目为个人运动，使得这个类比并不适合现代公司的团队合作环境。

职业体育球队这个类比让他们感到满意。职业球队里，每个运动员需要拿出优秀的表现，但他们不会永远留在球队，一个能力不再满足球队需求的球员会被礼貌地、满怀敬意地放弃。麦考德和哈斯廷斯把这个内容融入了新员工入职环节展示的幻灯片里，这个幻灯片长度超过 100 页，以下是初版里的一些亮点（奈飞的高管会不断修改幻灯片内容）。[①]

> 合格的表现会赢得丰厚的离职补偿。
>
> 我们是团队，不是家庭。
>
> 我们像是一支职业球队，不是小孩子组成的业余球队。
>
> 忠诚就像稳定剂……可对正在萎缩的公司的无限忠诚，或者对低效员工的无限忠诚，并不是我们的追求。

按照麦考德的想法，把这些内容写在纸上并且展示给新员工，是诚实的表现。她清楚地表达了很多现代公司不愿直接表达的内容。

① 奈飞的文化准则，全面颠覆了 20 世纪的管人理念。奈飞为什么要对传统的企业文化理念发起冲击，它在打造自己的企业文化的过程中究竟提出了哪些观点。麦考德对这份幻灯片文件进行了解读并整理成书《奈飞文化手册》，该书简体中文版已在 2018 年 10 月由湛庐引进，浙江教育出版社于 2018 年出版。——编者注

2009 年的一个早上，一起开车上班的路上，哈斯廷斯向麦考德提到了一个自己前一晚听说的新产品，这个产品可以让用户在网上发布幻灯片。“我想知道人们会把什么发到网上。”麦考德说。“今天早上我把有关公司文化的幻灯片发上去了。”哈斯廷斯回答。

“我的天啊，你为什么要这么做？”麦考德这样问哈斯廷斯。那个幻灯片的制作略显业余，本来也只是在内部使用。更重要的是，她担心这个幻灯片可能吓到有意加入奈飞的人。入职活动时，有些员工因为看到那些内容而大惊失色，但她回忆，有这种反应的人最终一般也不适合在公司工作。所以她暗自祈祷，希望情况不会过于糟糕。

接下来发生了两件事。其一，奈飞的企业文化幻灯片在网络上迅速蹿红。发布在 SlideShare 的 2009 年初版，在我 2018 年与麦考德交流时已经获得 1 790 万次点击。其二，有意加入奈飞的人发现了这个幻灯片，由此奠定了面试基调，让他们能够更诚实地面对在奈飞工作对个人职业发展具有什么影响这个问题。经过自我筛选，剩下的都是更认同奈飞文化的人，无论面试官还是被面试的人，均不会假装认为进入奈飞等于一辈子不分离。

忠诚的终点

让我们从那些被解雇的人的角度出发，重新看待奈飞的故事。假如2000年时你是公司的广告销售员，或者2002年时你是表现不合格的会计，你很幸运，是 21 世纪最成功企业的早期员工之一。可你丢掉了工作，而错的根本不是你。

这就是现今的世道吗？每一份工作、每一个公司不过是一群来去自如的自由职业者的组合，只是在公司认为他们有用或者他们得不到更好机会时才留在那里？如果换一种比喻，那么员工与雇主的关系就越来越不像婚姻，而是越来越像一系列感情关系。

雇佣关系有时确实会让人产生上述感觉。我们都听说过令人尊重的成功公司进行千人级别的裁员，有些时候甚至不是因为公司出现重大财务危机。我们可以用 2018 年初成为商业新闻头条的一个半随机案例为例，根据《纽约时报》的报道，金佰利公司宣布裁减 5 000 ～ 5 500 个岗位，“希望在类似纸巾、擦手纸和湿纸巾等消费品市场竞争越发激烈的环境中减少成本”。那个季度，金佰利公司的销量其实比上一年提高了 5%。[①] 雇主和员工的关系从互相忠诚向奈飞企业文化幻灯片中描述的关系转变，这种变化其实已经进行了几十年。比如在 1998 年，航空巨头波音公司面临激烈的全球竞争，公司高管决定退后一步，改变公司的叙述风格。丹尼尔・平克（Daniel Pink）[②] 在他 2001 年出版的名为《自由工作者国度》（*Free Agent Nation*）一书中描述了波音高管的信条：“更多的团队，更少的家庭。”彼时，奈飞关注的还是能邮寄多少 DVD。

第二次世界大战结束后的几十年里，大型公司确实提供了一种家长式作风的态度。在通用汽车、伊士曼柯达这样的公司，假如你工作足够努力，不卷入任何是非，你就基本得到了终身工作保障。如今，有些人对那个时代还抱有淡淡的怀旧之情，实际上大可不必——那些好处基本只向白人男性开放，而且很多公司过于自满，没能在技术和消费需求发生改变时做出

① 金佰利公司在 2018 年 4 月 23 日发布《2018 年第一季度财报》，公司净收入出现显著下滑；但这是公司结构调整中出现 5.57 亿美元固定费用的结果，也就是向被解雇的员工支付离职补偿的总金额。

② 在奖励与惩罚都已失效的当下，如何焕发人们的热情？丹尼尔・平克在他的作品《驱动力》中做了探讨和回答。这本书中文简体字版已由湛庐引进，浙江人民出版社 2018 年出版。——编者注

调整。但毫无疑问，大环境正在发生改变。[①]

导致改变的原因很多。全球化意味着企业面临更为激烈的竞争，导致他们承受了更大的压力，需要持续调整劳动力构成，才能跟上同一行业中世界领先者的发展节奏。工会组织的权力比过去小了很多。1985 年，发达国家中有 30% 的员工属于工会成员，这个数字在 2015 年下降到 17%。这段时间里，只有冰岛、比利时和西班牙的工会化比例出现上升。上市公司的高管则面临着前所未有的压力，即便需要以员工为代价，他们也要最大限度地提高股东价值。

想了解实践中公司治理上的变动如何让雇主对员工的忠诚度逐渐降低，我们可以以具有标志意义的宝洁公司为例。活跃投资人尼尔森·佩尔茨（Nelson Peltz）在 2017 年表示，佳洁士牙膏、汰渍洗衣粉、吉列剃须刀和其他很多消费品都处于管理不当状态。他的特里安对冲基金公司（Trian Partners）发动了一场代理权争夺战，试图争夺宝洁公司的控制权。在这个过程中，佩尔茨发表了一份长达 94 页的报告表明个人观点。佩尔茨在报告中颇为不屑地指出，宝洁公司的 33 名高管中只有 3 人拥有在其他公司工作超过 3 年的经历，而公司高管的平均任职时间长达 29 年。

公司与高管彼此忠诚这个早年间被视作高品质公司象征的元素，反过来成为投资人寻求推翻现有管理层而特意强调的数据点！更神奇的是，特里安对冲基金公司只是以极小的劣势输掉了股东代理权争夺战。不过为了示好，佩尔茨在董事会获得了一个席位。股东投票几乎五五分，这让宝洁

① 20 世纪 70 ～ 80 年代，日本厂商不断生产出更耐用、更安全的企鹅汽车，通用汽车的生产却很糟。柯达在数码摄影中做出了关键性创新，虽然 20 世纪 90 年代柯达靠胶卷赚了太多钱，但到了数字时代，它被抛在了后面。

公司的董事会和管理层意识到，他们有必要采用佩尔茨提出的很多建议。未来，假如宝洁公司的高管人数及在职时间出现重大变化，不要感到惊讶。

想知道经济及公司治理中发生的上述改变如何对员工产生影响，我们可以假想一个公司和一个志向远大的年轻高管，我们暂且称这家公司为“拉齐公司”，把年轻的员工称为鲍勃（不要过于在意角色的性别，在公司家长式管理的全盛期，几乎所有管理人员都是男性）。

假设鲍勃 22 岁大学刚毕业就通过招聘进入管理培训生项目，拿着微薄的收入，一年 3 万美元（这个案例中所有数字均不考虑通货膨胀）。鲍勃的职位不断提高，先是培训生，接着成为初级管理人员，随后一步一步成为小团队经理、大部门主管、地区总裁，甚至进入公司决策层。在这个时期，各公司的普遍操作就是根据经验、年限提供非常稳定、可预测的晋升。简单地说，假设拉齐公司每年为鲍勃加薪 5%，当他 65 岁以高级管理人员身份退休时，鲍勃的年收入将达到 244 490 美元。他的收入类似于图 8-1 的平滑曲线。

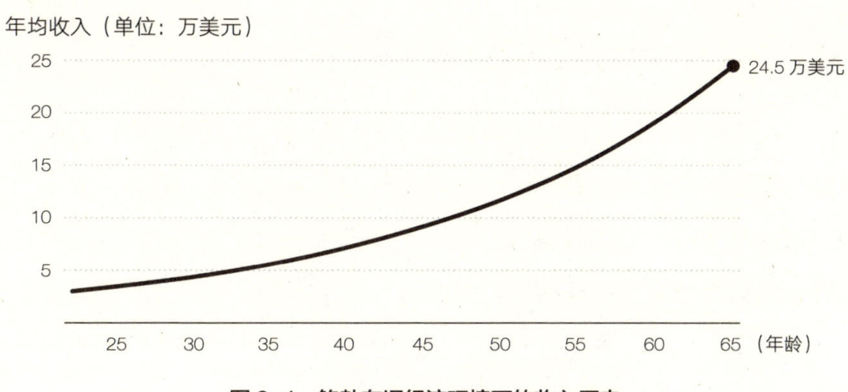

图 8-1　鲍勃在旧经济环境下的收入历史

可即便在高度忠诚的公司时代，线性增长的收入曲线掩盖了另一个完全不同的现实，也就是鲍勃实际为公司创造的价值。这种不平衡从一开始就存在：工作第一年，鲍勃创造的价值可能还配不上他获得的微薄收入，从额外营收和盈利角度出发，他对公司的价值可能只有 2 万美元。可随着学习深入，鲍勃的价值急速飙升，到25岁时，他的收入只有约3.5万美元，但创造的价值却达到 5 万美元！从本质上说，拉齐公司对鲍勃的投资终于开始得到回报。这种情况可能会持续几年，直到出现经济衰退，公司业务减少，导致鲍勃价值下滑，消费者不再购买他部门销售的产品了。随后，经济开始复苏，公司利润再次大幅提高，鲍勃的价值也出现上涨。也许再过几年，鲍勃的身体出了问题，不能再像过去那样频繁出差、半夜与客户沟通，他的价值因此低于他的收入。然而在那之后，鲍勃的价值再次出现反弹，拉齐公司又一次从他身上获得了比他工资更高的价值。当鲍勃年过六十后，年轻人开始接管公司管理层，在工作中逐渐边缘化鲍勃，但却允许他保留显赫的头衔和丰厚的收入，让他在达到退休年龄前做着类似老年政客的工作，如图 8-2 所示。

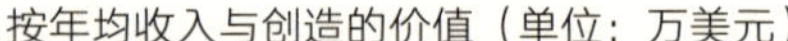

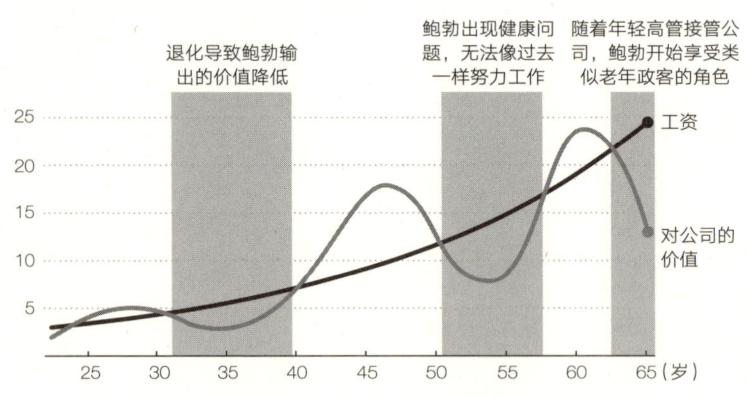

图 8-2 鲍勃的收入并不总与他创造的价值对等

关键问题在于，在强调忠诚的时代，雇主与员工之间存在不言而喻的契约：雇主容忍员工收入过高的时期，但员工不能在个人价值远高于收入时选择离开。就像图 8-2 一样，鲍勃整个职业生涯累积的收入与他累积创造的价值几乎相等。

但在忠诚不再重要的时代，局势发展则全然不同。每当鲍勃创造的价值低于自身收入、也就是进入图表的灰色区域时，他就面临巨大的失业风险。在前面提过的全球竞争、工会组织缺乏权力、来自股东的巨大压力的作用下，当第一个经济衰退到来时，鲍勃有可能在 30 多岁就遭到裁员。如果那时没有丢掉工作，当鲍勃因为健康问题无法长时间工作时，他会再次面临失业危险。如果那时还没失业，那么当年轻高管接过公司管理权时，他们很可能在鲍勃 61 岁时将他赶出公司，而不会继续让他拿着丰厚的收入无所事事地再干 4 年。

这是一个简单例子，描述了大多数在 21 世纪的大公司有过工作经历的人已经知道的事实。但这个例子不足以帮助我们确定导致变化的原因，也无法详细描述这个变化。这里该提出的问题是，我们该怎么应对这个变化。答案就在鲍勃和拉齐公司的图表里。

两个重要的原则：诚实与互惠

鲍勃职业生涯中那个隐晦的契约意味着，他收入过高和过低的时间大体会互相抵消。如今，当鲍勃的子女开启职业生涯时，他们不能对商业界的隐晦契约抱有任何幻想。如今，公司在聘用一个人时不会明说的一句话就是：只要你对公司有用，你就一直有工作。

如果想要获得和父亲一生积蓄同等的收入，那么当个人价值高于收入时，鲍勃的子女不能像鲍勃那样有耐心，而应该更加主动。当情况出现逆转、个人价值低于收入、知道自己有丢掉工作的风险时，则应该抱有相反的态度。当掌握明显优势时，比如刚刚成功领头完成一个项目，或者自身工作对公司的成功具有更重要的作用时，则应当想办法明确个人生涯所处的发展阶段。也就是说，当上述时刻到来时，应当提出大幅加薪的要求，而且做好要求被驳回后跳槽的准备。

这并不是说鲍勃的子女必须成为没有灵魂的雇佣兵，在其他雇主开出稍高一点的工资或者提供略好的工作项目时立刻选择跳槽。但这确实意味着，在做出一系列重要决定、确定究竟留下还是跳槽时，他们需要牢记“互惠”和“诚实”这两个原则。

事实上，很多雇主都不同程度地保留了前忠诚时代的家长式管理作风。这是一个连续发展的过程，不是雇主可以做出决断的二元制选择。对员工来说，最合理的策略就是让自身对公司的忠诚与公司对你的忠诚保持对等状态。

公司是否出钱让你参加高管培训课程，或者在你能力明显不足的情况下将一个项目托付给你、给你成长的机会？当坐在隔间的人有小孩子需要照顾，几乎每天都要早退时，老板们是否决定配合他的时间？公司是在员工主动提出前就会用涨工资的形式回馈其优秀的工作表现，还是只在员工得到其他公司的工作邀请后才会涨工资？最重要的是，公司是否极少进行裁员，而且每次裁员都有具体原因，还是把裁员当作日常业务操作？

领英的创始人里德·霍夫曼对很多公司所谓的“忠诚”态度直白地做出了批评。“公司把这种虚构的故事告诉员工，因为某种程度上他们希望员工单方面地忠诚于他们，”霍夫曼告诉我，“这太过分了。这是不道德的做法。但员工心里也明白，他们早晚会说：‘我提前两周申请离职，因为我要去别的公司了。’”

但这也不是说每次获得更好的报价后员工都应以放弃原工作收场。霍夫曼表示，更有职业道德的做法是对自己承担的重大项目或工作展现出一定程度的忠诚和投入，在这些工作进入收尾阶段后再考虑跳槽。“我们都在撒这个谎，好像现在还是 20 世纪五六十年代，彼此承诺终生。因为都知道这个是谎言，我们不会进行对话。‘联盟’（这是霍夫曼对现代公司环境下雇佣关系的描述，他的书也以此命名）的要点就是在说，我们要进行这样的对话，要以结构性的方式进行这样的对话，双方清楚地知道如何向对方投资，其中任何一方在这个时间段内打破这个协议，这个关系就搞砸了。那时你就能说，你背叛了我。”

就像奈飞的里德·哈斯廷斯在一封邮件里对我说的，“就像友谊和婚姻一样，忠诚不是无限的，这是一种稳定性。假如一个人在某个季度里表现糟糕，这并不意味着局势一触即发，他会立刻被解雇。一家公司在一个季度里业绩不好时也是如此。考虑到双方的转换成本，我们很有必要看透短期的下滑。”

思考忠诚问题时使用互惠和诚实原则同样意味着，忠诚问题的改变也应更多地适用于个人，而非缺乏特征的大型组织机构。早年间，一个人忠诚于一家公司，而公司承诺对方在退休年龄前保有稳定工作、并且在退休后获得令人满意的退休金，这是完全合乎逻辑的概念。但在 21 世纪的绝大多数公司里，没有任何经理、人力资源部门主管甚至 CEO 能做出那样的承诺，他们甚至无法确定一年后自己会不会留在那里。而这意味着，忠于公司里的某个人可能比忠于公司更重要。当某个老板保证你获得了宝贵的经验、晋升且收入提高时，你很有可能欠他一个人情。尽管公司本身并没有展现出系统性的双向忠诚，但因为某个人，你可能会在转向新团队或新公司时更加谨慎。

最后，还有报酬问题。工作的回报存在很多形式，并非所有都以金钱形式出现。衡量两份工作邀请时，对比工资、绩效奖金和股票期权已经够难了，加入非财务层面的选择，难度就更大了。如果有公司愿意赋予新职责、为你提供成长空间，或者在工作时间上赋予更大的灵活度，相比那些角色固定，老板对员工在何时何地、如何工作有着严格僵化要求的公司，人们显然更愿意放弃一些现金补偿。所以，我们应当全面地思考报酬问题，需要了解一份工作究竟能带来哪些收益。尽管如此，上面的图表中鲍勃的工资收入仍然非常引人注目。

在现代经济环境下，假如不调整收入要求，每当鲍勃在自身创造的价值低于产出的情况下面临失业风险时，他就会与雇主陷入“不是你赢就是我赢”的僵局。为了维持旧经济环境下职业生涯的总收入，他就需要在创造的价值远高于报酬的情况下多一些雇佣兵心态。当然，掌握足够信息、知道何时会出现这种情况，以及在这种情况出现时究竟是接受其他公司的邀请还是巧妙地说服现东家提高收入，都不是那么容易就能做到的。

然而，现今，如果你推出了一个极为成功的产品，或者市场突然对你的能力出现大量需求，那么在这些时候从市场提取自身价值就变得更加重要了。因为在现代社会，忠诚本身很难收获回报。

在长达几十年的职业生涯中，你可能遇到众多影响长期收入及工作满意度的重大转折点。这样的转折点一般会以是选择新雇主还是留下来的形式出现。究竟该留还是该走?

对于试图用罪恶感或忠诚说服员工留下，而公司反过来并没有展现出同等忠诚的经理人来说，地狱已经为他们留好了位置。究竟该怎么做，答案不应取决于对方说的话，而应取决于公司的实际行动。

很多在如今这个低忠诚度时代取得最大成功的人天生就能理解上述观点，并且整个职业生涯始终应用互惠与诚实原则。卡特里奥娜·法伦（Catrion Fallon）就是这样的人，从她的故事中我们也能了解，职业生涯出现关键转折点时究竟如何使用上述两个原则。

如何做出正确抉择

法伦的职业生涯，开始于 1996 年夏季奥运会期间亚特兰大东北部一个湖面上的 1.75 秒。过去 6 年，她把自己的全部人生投入到划艇运动上，希望自己能够成为奥运级别的运动员。她错过了朋友的婚礼与生日，为了训练住在离家 3 000 多公里外的宿舍里。她付出了全部精力，就是为了为美国赢得一枚金牌。她的团队——8 名桨手和 1 名负责发出指令的舵手，连续 18 个月未尝败绩，是公认的奥运夺冠热门。可一些细小的战术错误造成了严重的后果，罗马尼亚队赢得了金牌，美国仅列第四。在长度为 2 公里的比赛里，他们与夺得铜牌的白俄罗斯队只差 1.75 秒。

“那真的让人崩溃，”法伦表示，“我们做出了一些错误决定，我们知道不是身体状态不好。我们在竞技上做出了一些错误决定，比如使用哪种船桨。我们因为自己的原因输掉了比赛。”

法伦需要做出决定。那时 26 岁的她可以下定决心，重新投入训练，冲击 2000 年奥运会金牌；她也可以开启更为传统的职业生涯，寻求不同类型的成功。是什么导致她的选择向商业界倾斜呢？用法伦的话说，她觉得再投入 4 年时间、付出汗水与辛劳追逐奥运梦“不太值得”。“在我看来，我已经学到了该学的经验教训，我要向前看，做其他事情了。”

她所说的“其他事情”，最初是甲骨文公司市场部的一个入门级岗位。她在那里协助确定向大公司出售企业软件包（客户关系管理、战略采购等）的策略。法伦的工作进行得很顺利，没过多久她就成为 3 到 5 人团队的主管，可她很快就开始策划职业生涯的未来发展。“我拥有不断提出‘下一步是什么？下一个是什么？’的心态，”法伦表示，“所有我尊敬的、职位在我之上的人都拥有 MBA 学位，有咨询工作经验。他们拥有很有趣的职业生涯。”

这就是法伦 1999 年秋天进入哈佛商学院、并且在 2001 年毕业后进入麦肯锡公司旧金山分部担任助理的原因。在那里，她学会了用严谨、条理清晰的方法分析大公司面临的问题，而顶尖咨询公司正因此成为孕育未来高管之地。同时，她在办公室里还能看到金门大桥的壮美景色。可互联网经济泡沫以及随之到来的经济衰退意味着，市面上缺少足够的工作。按照大型咨询公司在业务量较少时的习惯，麦肯锡公司制定了裁员计划。旧金山的科技团队受到的打击尤其严重，法伦的名字也出现在了裁员名单中。

这是我们从现代经济现实中获得的早期教训之一：就算做对了一切，你也要为可能出现的消极变化做好准备。用法伦的话说，“就算有哈佛大学的 MBA 学位，在麦肯锡找到工作，你也有可能被裁员。所以不要急着花掉签约奖金，你可能需要靠这笔钱支撑一段时间。”

法伦在投资银行派杰（Piper Jaffray）的研究部门找到了下一份工作。她不再帮助公司解决复杂问题，而是来到谈判桌另一边，试图判断哪个软件公司拥有更好的发展前景。法伦接受了金融建模的速成培训。她很快意识到，在这份工作中，沟通的广度具有重要意义：她几乎把一半时间用于与各家公司的高管交流，想办法收集所有有助于预测、让模型更准确的细节信息；另一半时间则用在和寻求投资建议的投资人沟通结论上。法伦喜欢这份工作，而且干得很出色。但是 2 年后，一个前同事转投花旗集团，而且鼓励她一起跳槽。

派杰在法伦急需一份工作的情况下为她提供了担任研究分析师的机会。尽管她缺少经验，但派杰还是决定冒险一试。放在彼此忠诚的旧世界，这种时刻也许她会出于责任感而选择留下，自信未来能够得到补偿。但我们没有生活在那个世界里。花旗集团提供了更大的平台、更多的曝光机会，还提供了在更大型机构中晋升的机会，而派杰投资银行无法匹配花旗集团开出的更高报酬。法伦回忆，“他们说：‘这是个相当好的合同报价，祝你好运。’”鉴于老板坚定地支持她的职业生涯向前发展，法伦也用互惠原则做出了回报。她罕见地提前很长时间就提出离职申请，协助老板平稳完成季度财报，让他拥有更充足的时间寻找替代者。“他是个给予我很大支持与帮助的老板，所以我不想让他陷入困境。”

在花旗集团的 4 年时间里，法伦确立了软件、媒体及广告业顶级分析师的地位。她收入颇丰，也为自己的工作感到骄傲。但她渴望成为业务部门经理，渴望管理一个团队，即便此刻身为资深研究分析师，她也只能管理自己。与此同时，一场全球性金融危机让银行业的未来蒙上了一层阴影。过去，最安全的选择可能就是加入花旗集团这样的超级银行，可在 2009 年，花旗集团将员工总数削减至 57 500 人，一年内就让总数减少了 18%。[①]“这个行业存在太多未知数，感觉就像葬礼进行曲。”法伦表示。当

① 花旗集团雇用情况数据源自其 2009 年的年度报告，反映了集团从 2008 年底到 2009 年底在全球范围内的全职员工情况。

一个猎头找到她，提出一个涉及更多运营管理的工作邀请时，她毫不犹豫地做出了选择。她甚至无意间让其他人免受被裁员的痛苦。

法伦的新工作是在计算机硬件巨头惠普公司担任战略及公司发展部门主管，这相当于她过去股票研究及管理咨询这两份工作的结合。她的任务是研究对手的策略，考察惠普有意收购的公司，向高管及董事会汇报自己的发现。一般来说，一个被挖来的人进入新公司时，他们通常做的是与之前类似的工作，绝大多数公司不想冒险，不愿意让新人尝试从未做过的事情。遵循这一模式，法伦将自己从分析公司战略和优劣的工作中获取的一系列经验与能力应用在惠普，帮助公司高管更好地了解竞争对手及潜在收购目标。

可按照另一常见模式，一个人已经身在公司内部，并且得到核心决策者的信任，就会更容易尝试新事物。法伦在惠普内部接下来的两份工作便是如此。首先，她协助监管惠普的投资人关系部门，这让她必须迅速了解如何与外部世界进行有效沟通。她会为首席财务官撰写用于投资人电话会议的演讲稿，帮助后者对分析师可能提出的问题准备答案。惠普当时正处于危急时刻。2011 年，公司 CEO 马克·赫德（Mark Hurd）被指控滥用公司资源，他在自己与一名承包商的关系问题上误导董事会，这使董事会最终将他赶出了公司。对法伦来说，这就是速成培训班，让她明白自己过去那么多年精心打磨的优雅模式在面对更混乱的危机管理时，只能起到有限作用。

法伦的下一份工作在职位上是一次重大提升，将她过去所有工作经验集中在了一个地方。她的新头衔是战略及全球营销财务规划副总裁。法伦终于得以监管一个庞大的团队，当时公司新任 CEO 梅格·惠特曼（Meg

Whitman）确定了激进的削减成本计划，法伦赢得了她的信任。“我在学习如何管理庞大的市场机构、如何影响决策、如何建立信誉，为工作提供支持。”

实际上，惠普为她提供了任何雇员都梦寐以求的东西：成长并培养新技能的机会。早年间，在惠普这种级别的公司工作并处于上升期的管理人员不会轻易离职，他们关注的是如何承担越来越多的职责，在公司工作几十年。但法伦在 4 年后再次选择离开。当一个猎头打来电话，问她是否愿意加入一家名为高知特（Cognizant Technology Solutions）的软件公司、担任办公室主任和首席财务官时，她为什么选择接受邀请？

“我本可以继续在公司内晋升，让自己更多地了解惠普的业务，”法伦表示，“但我不觉得自己能在一年内成为总经理（也就是负责业务部门的盈亏）。而且从我进入惠普的第一天开始，公司就在无休止地削减成本。我也做了其中一部分工作，帮助他们确定如何精简、优化公司结构。”她不清楚何时才能成为惠普内部业务部门的主管。不过可以确定的是，她没有理由认为对公司保持忠诚日后能带来丰厚的回报。事实上，她有可能在下一轮削减成本的裁员潮中失业，而高知特提出的工作邀请，则是一条笔直的通向首席财务官、甚至有朝一日成为 CEO 的大道。

从一开始，法伦在高知特做的就是一份有期限的工作，正是本书之前讨论过的“轮岗”概念的典型案例。她花了大约 18 个月时间，在监管并购的几个公司中融入高知特。这是一个内容明确又有难度的工作，法伦也明白，完成这个工作后，她要么在公司内部寻找其他具有挑战性的工作，要么再次跳槽。她表示，“源自管理团队的企业文化非常透明，非常支持员工的职业发展。”尽管收入同样很好，但高知特提供的报酬之一，也是让法伦获得更多担任首席财务官所需的能力。

法伦的方法奏效了。这是一条充满曲折的道路，其中有很多转折点，但法伦如今已经拥有顶尖首席财务官资质，还拥有这个工作涉及的各个部门的工作经验。她先是前往名叫马林软件（Marin Software）的公司担任首席财务官，随后进入银泉网络（Silver Spring Networks），她在这里的工作经历，堪称 21 世纪商业界“忠诚”这个不断变化的概念最终极的体现。法伦在 2017 年 3 月加入银泉网络并担任首席财务官。6 个月后，一家名为埃创（Itron）的竞争对手提出了让人难以拒绝的收购报价，用 8.3 亿美元这个比银泉网络当时市值高出 25% 的价格完成了收购。

这种情况下，公司高管获得黄金降落伞[①]自有其合理性，股东不希望 CEO 或首席财务官为了保住自己的工作而反对诱人的收购报价。在这个案例中，法伦协助协商了一个导致她再次失业的协议，只不过这几个月的工作让她获得了极为丰厚的回报。事实上，收购完成后，法伦继续做了几个季度的总经理，监管业务整合，而这段经历让她更加渴望获得行政管理型职位，不想再局限于监管财务工作。

查看法伦的简历，如果不了解商业世界的运行方式，你可能只会看到一系列相似的工作。可如果仔细分析她在每一份工作中获得的实际能力，一切就都说得通了。2015 年成为首席财务官时，法伦已经拥有与公司战略、财务分析、对外关系及市场营销有关的深度工作经验。从头衔、收入和名声角度看，她的很多职业选择都是横向移动，可每一次横向移动都为她日后的迅速蹿升打下了基础。这像极了还是顶尖划艇运动员时的她。“即便划艇时，我知道我想参加奥运会，但我会拆分成几个小目标。首先我需要做

① 黄金降落伞指的是规定员工如被解职可获得大笔补偿金的雇用条款。——译者注

什么？好吧，首先我要在划船机上练 7 分钟（也就是在一个让人痛苦的训练机器上于 7 分钟内划相当于 2 公里的距离），接着需要提高 20 秒，在 6 分 40 秒内划完，在此基础上不断提高。我总是为自己设置这种中间性的目标，如果过早设置了太大的目标，就会让人茫然无绪。我对眼前即将发生的现实有着更为清晰的认识，比如接下来 6 个月、9 个月和 18 个月会发生什么。我知道自己在寻找什么信号，以确定自己是否向前发展、是否学到了更多。”

法伦的故事的关键在于，不论是对不让她得到合适发展的雇主展现无限忠诚，还是对认为她没有做好工作、不够可靠的导师或老板不表达任何忠诚，在这两个问题上稍微犯一点错，她都不会取得现在的成就。法伦的故事，就是一个不断向前、向最终目标努力拼搏的故事。

诚实的代价

为什么奈飞的企业文化幻灯片引起了那么大的反响？不管怎么说，一份 125 页与人力资源政策有关、充斥着业余水平图案的幻灯片，通常不具备爆红潜质。

尽管很难证明，但我认为原因如下：麦考德和哈斯廷斯在那份文件中描述的雇主与员工关系，相比我们从招聘人员及高管口中听到的话，更接近 21 世纪企业运作的现实。尽管第一次听到奈飞的企业文化时会产生过于残忍的感觉，但这本质上是将雇佣关系中的诚实与互惠原则规章化，和商业界现今仍随处可见的与忠诚有关的谎言相比，这样做显然更接近现实，更公平，也更有职业道德。不再听到和雇佣关系有关的谎言后，当公司的需求出现变化时，人们也更能接受被裁员的现实。

2012年，奈飞再一次开始自我改造，而这一次改变，让他们跻身娱乐行业巨头之列。当时《纸牌屋》（*House of Cards*）正在拍摄，这是奈飞的第一部爆款原创剧集。邮寄DVD变成了辅助业务，尽管奈飞希望从这个不断萎缩的市场中尽可能多地抽取利润，但公司高管的目光还是集中在了迅速发展的流媒体业务上。对麦考德而言，她在企业文化幻灯片里规章化的原则与她个人也产生关联。按照麦考德的回忆，她和哈斯廷斯都意识到，她不再适合担任奈飞的首席人事总监，因为她在科技行业及创业公司的工作经历，不再符合全球娱乐巨头未来的发展需要。

“辞职那年真的很痛苦。我的意思是，我筋疲力尽了。我在那里工作了很长很长时间，有时就是需要重新开始。”我问她，哈斯廷斯什么时候对她说，她需要接受一笔丰厚的离职补偿然后离开。她停顿了一下，“哦，他是怎么跟我说的？我不知道。我们两个人基本都看到这个结果了，你懂吧？拜托，我们每天都在一起工作，那段时间非常艰难。当人们问我这个问题时，我会说：‘你想跟一个陌生人说自己的分手经历吗？会告诉他们每一个细节、谁说了什么话、你有什么感受吗？’”

在我看来，麦考德接下来的人生才是更有趣的故事。她拿着一大笔补偿金、带着尊严离开了奈飞。她开始为创业公司提供与企业文化有关的建议，写了一本详细讲述人生经历、诚实对待雇佣关系的书，开始真正享受圣克鲁兹的阳光。她时不时还能遇到哈斯廷斯，这也反复提醒她究竟该与老板保持怎样的关系。“我们最初的管理团队在一起工作了10年，”麦考德表示，“那是很长的一段时间。你知道啊，重要的是明白同事并不是家人，但你可以和同事成为非常亲密的朋友，成为一辈子的朋友。但这也存在友谊的平等交换关系，这不意味着永远和对方在一起。有时候，现实没那么美好。”

为什么不必在一家公司待一辈子

工作就是雇主与员工之间一辈子的关系，这种观念早已过时，可我们有关这一隐性契约的语言还没有跟上这个变化。

我们应当像职业运动员对待球队开出的合同一样看待一份优秀公司里的工作，这是一段有期限的关系，当球队的需求和员工的能力不再匹配时，这段关系就会终结。

当你来到职业生涯的关键转折点，必须在留下或离开并接受新工作邀请间做出选择时，你需要使用诚实与互惠原则。

有些雇主仍会对员工表现出更多的长期忠诚与投入，你需要给出相应的回报，展现出同等程度的忠诚，因为更好的工作机会总会出现。

HOW TO WIN

IN A WINNER-TAKE-ALL WORLD

第 9 章 当好拥有抢手能力的自由职业者

2017 年夏天，我因为一篇后来刊登在《纽约时报》上的文章采访了两名女性。其中一人名叫盖尔·埃文斯（Gail Evans），她在纽约罗切斯特长大，从小家境贫困。20 世纪 80 年代，年轻的她在当时世界上最有创新精神、最受尊重且盈利能力最强公司之一——伊士曼柯达拥有一份夜班清洁工工作。这份工作很累，但埃文斯对未来颇有野心，不上班时，她会选修大学课程。这时发生了一件对她来说影响一生的事：一名经理采用全新的电子表格方式管理库存，他需要培训思维传统的员工学会使用这些表格。有人提到埃文斯正在上和计算机有关的课，于是她被选中负责培训。当她终于获得大学学位后，柯达正式聘用她，让她走上职业道路。15 年后，埃文斯身居高位，担任柯达的技术总监。后来她也在诸如美国银行、微软等公司担任一系列高管职位，拥有令人羡慕的卓越的职业生涯。

我采访的另一个人名叫玛尔塔·拉莫斯（Marta Ramos）。她住在加利福尼亚州圣何塞，目前正在世界上最有创新精神、最受尊重且盈利能力最强的公司之一苹果公司做清洁工工作。她现在做的事与埃文斯在 20 世纪 80 年代做的事极为相似，都是吸地毯、倒垃圾、打扫卫生间。就连收入，在扣除物价上涨因素后也几乎相等。两人最大的区别在于，拉莫斯和在苹果公司工作的人几乎没有任何互动，未来也几乎不存在任何晋升机会。她为一家清洁服务公司工作，看不到通往任何方向的有效发展道路。

讲述两人故事的那篇文章引起了巨大反响。我认为部分原因在于，身处现代经济环境中的人们知道，承包、外包和自由职业的现象变得越来越普遍，而且正在影响几乎所有人的职业选择。类似清洁服务、保安和食堂员工这些低端工作的外包现象，只是上述趋势影响各行业员工最生动的一个例子而已。

过去 40 年发生的变化，在一个来自 20 世纪 80 年代的人看来究竟有多夸张，再怎么说也不为过。在硅谷的科技巨头公司里，传统型的员工可能负责开发软件，但负责测试漏洞的一般是外包合同工。承包商负责审查社交媒体上的投稿，寻找可能违反服务条款的行为。他们就像是招募人员，想办法吸引新一波的工程师。苹果靠卖手机赚到了几十亿美元，而苹果手机却是由富士康负责组装的。

我写的埃文斯与拉莫斯的报道，重点关注的是上述变化对整体不平等的影响[①]，但在我看来，影响是重大且具有实质性意义的。不过，这些变化对希望在公司环境下摸索发展的人也有可能产生巨大影响。现在，“工作”的定义本身就比过去更为灵活，主流公司将各种类型的工作转变为一系列业务组成的连续体，其中只有少部分劳动者是全职员工。那么对一个充满野心的人来说，这种非传统的工作方式如何，或者是否应该融入他的职业发展计划中？为了回答这个问题，我们有必要了解这种工作方式诞生的原因。事实证明，这是一个更有意思的话题。要回答这个问题，我们首先要解决“公司为什么存在”这个更宏大的问题。

---

① 比如，J. 亚当·科布（J. Adam Cobb）与肯-霍·林（Ken-Hou Lin）的《分离：改变的固定工资溢价及其不平等结果》（Growing Apart: The Changing Firm-Size Wage Premium and Its Inquality Consequences）中发现，1989—2014 年，大公司减少向中低收入员工支付加班费，这种情况在收入不平等现象中占比达 20%。

公司为什么存在

公司为什么存在？这种问题的答案在普通人看来可能显而易见，但经济学家在几个世纪里却为此争论不休。我们可以想象，所有工作都成为独立业务这种原始的自然状态，一家公司的员工不是上一天班领一天薪水，而是每一个任务都可以具体到个人。现实中最接近这种存在的，就是小型自由职业者，他们以项目为基础进行合作。①

20 世纪 30 年代，年轻的英国经济学家罗纳德·科斯（Ronald Coase）在美国的工业核心地带游历，研究制造企业的运营方式。他希望了解为什么公司会形成如今的组织形式。他得出了一个重要结论：公司制度之所以存在，部分原因在于假设的以市场为主的体制中，交易成本过高。比如我在《纽约时报》工作，每两个星期会收到工资，公司换取的是我稳定地提供经济方面的文章。假设我必须协商每一篇报道的报酬，我和老板会在讨价还价上浪费大量的时间和精力。

可只有这个观点还不足以回答公司为什么会以现在的形式存在这个问题。归根结底，几乎所有公司都在混合使用全职员工和其他形式的劳动力。继续以《纽约时报》为例，这份报纸上既有全职员工撰写的文章，也有自由撰稿人的投稿。当一家公司聘请外部顾问或者律师事务所的律师时，他们实际上做着同样的事情。我们可以把这个话题扩展到劳动力领域外，还有什么是公司自行生产的东西？哪些是他们从外部购买的？公司经常做这样的决策。公司什么时候应当开发一套供员工内部使用的软件，什么时候应该直接购买现成的软件？一家生产原子笔的公司该从其他供应商处购买

① 可以说，类似优步的“灵活经济”平台也实现了这个目标。优步司机根据客户需求和自身偏好，可以自行决定何时开始工作，没有中心权威机构指挥他们或者告诉他们如何工作。

生产原子笔所需的塑料轴，还是应该全靠自己制造，抑或应当自行生产粗钢？以上案例均是特定投入物究竟该内部生产还是该靠外部市场的问题。

在科斯的研究战果基础上，奥利弗·威廉姆森（Oliver Williamson）充实了上述公司的“边界论”。他表示，关键在于外部实体执行承包合同的效率。一个标准的中级经理每月会做出数千个独立的决定，但他们不可能清楚地描述每一个外包工作。

这里还存在“延误”问题。如果所有员工都是自由职业者，所有投入的成本均购自公开市场，那么公司将始终面临商业伙伴可能利用公司离不开他们这个现实风险。假如我完全以自由撰稿的形式为《纽约时报》工作，在出现重大新闻、他们需要我的稿子时，谁能阻止我提出双倍报价？事实上，涉及的专业知识和专业技能越多，工作越紧迫，就越有可能被抓住弱点，公司使用外包合同工的可能性就越低。

这一切意味着，如果某些职能对公司未来发展具有关键意义，并且成功标准还是模糊的概念时，公司最好在内部实现这些职能。反过来，那些对公司成功不那么重要，而且能轻松找到外包服务解决问题的工作，在公开市场上寻找外包自然也是符合逻辑的做法。

总而言之，就是这套理论让科斯和威廉姆森均获得了诺贝尔经济学奖。这套理论有助于解释埃文斯和拉莫斯之间的区别。在这套理论中，清洁服务以外包形式出现合乎逻辑，因为苹果公司不会从每天晚上高效打扫办公室中获得任何战略优势。所以更合理的选择就是和清洁服务公司签订合同，确定对方完成什么工作才能获得报酬。苹果不需要担心“延误”问题。如果一家清洁公司提高报价，苹果只需换一家公司即可。大部分苹果员工感受不到任何差别。

值得注意的是，这套理论甚至没有提到报酬问题。至少在理论上，一份外包的工作没有理由比留在公司内部相对应的工作报酬更少。这暗示着一些老派公司在外包前，相对于市价为一些员工支付了过高的报酬，至少从表面看，这是不合理的。但有大量证据表明，至少在低技术要求的工作中，外包确实会产生抑制工资收入的作用。经济学家阿林德拉吉特·杜贝（Arindrajit Dube）和伊森·卡普兰（Ethan Kaplan）在一项研究中发现，20 世纪八九十年代的外包工人中，清洁工的收入比内部员工低了 4% ～ 7%，保安则低了 8% ～ 24%。黛布拉·哥德施密特（Deborah Goldschmidt）和约翰内斯·F. 施米德尔（Johannes F. Schmieder）在研究了德国的管理数据后也发现了类似结果。他们发现低技术要求的工作中，外包工人的收入比非外包工人减少了 10% ～ 15%。

这种现象背后的具体原因，可能与心理学和社会文化有关，而不单单局限在经济学领域。假如你是一家大型盈利公司的 CEO，你可能不会以将保安和清洁工的工资降到最低的方式来削减成本。可是一旦外包这些职位，让对方操心保安、清洁工的收入，你的采购部门就会尽全力寻求最低报价。

实际上，合同工与外包的兴起制造出了分叉型的劳动力市场。一边是拥有出色能力、收入优渥且拥有大量机会的人，另一边的合同工则被视作需要最小化的成本。对有雄心抱负需要开辟职业生涯的人来说，这种趋势带来了明显的影响：尽全力避免合同工作或外包工作。尽管这种说法确实包含一定真实性，但却过于简化了现实。我也认识不少作为独立承包商或自由职业者，以非雇用状态享受了出色、优厚回报及美满的职业生涯的人。我们又该如何解释这种现象？非雇用状态何时、如何成为优秀职业生涯的组成部分？我们可以从公司理论定义的漏洞中找到答案。而且就像案例中常见的那样，现实世界更复杂，对探索职业生涯的人的影响也更复杂。

可变资源 vs. 固定工作

21 世纪的最初几年，马修·比德维尔（Matthew Bidwell）在麻省理工学院研究生院研究管理学时，曾深入研究过公司理论。但在撰写论文并先后进入欧洲工商管理学院（INSEAD）和宾夕法尼亚大学沃顿商学院（The Wharton School of the University of Pennsylvania）成为老师后，比德维尔发现了一些不一样的现象。

“在学术界看来，内部完成什么工作、外包什么工作，这些都能追溯到科斯和威廉姆森。”比德维尔表示，“你能起草一份高质量的合同吗？双方需要对这段关系做出巨大投入吗？彼此炒对方鱿鱼很难吗？”但他也表示：“我第一次给 MBA 学生上课时，我震惊了。那本来是我最了解的领域，但关于这一系列概念，我却难以说服他们。”

比德维尔匿名将一家大型银行技术部门的信息写进了学位论文，他进行了调查和采访，希望理解这个部门决定哪些职能外包、哪些留在公司内部解决的原因。简单、清晰的理论得不到数据的支持。起草优质合同的能力，或者一个项目的重要程度，并不能直接决定这些工作是否会被外包。① 相反，一切最后都会归结于内部政治。

首先，外包让比德维尔口中的“套利内部规则”成为可能。这家银行聘用员工的要求比签约独立承包商或与独立公司签订项目合同严格很多，部分原因在于解雇一个不再被公司需要的员工，比终止一份外包合同成本更高、破坏性也更强。就像一个经理对比德维尔说的那样，“情况不一样，

① 或者像比德维尔在论文中写的那样，“最让人印象深刻的发现是经理人看待、对待顾问和一般员工态度的相似性。这意味着人力资源管理理论过分夸大了雇佣关系的重要性”。

签约审批流程和供应商的官僚主义障碍比聘用一个员工简单得多”。

此外，与外部公司签订合同有时也能逼迫内部“客户”，如类似银行消费信贷部这样的业务部门，能更早地明确自身需求。银行员工推进一个项目时，内部客户可能反复修改要求，但当这部分工作被外包时，他们就被迫提前明确需求，以便在外包合同中列举这些要求。

重要的是，内部政治斗争会以高层经理和项目经理产生紧张关系的形式表现出来。高层关注的只是最大限度地减少成本，而项目经理只希望获得最好的资源完成工作。所以面对工作内容相对简单直白的项目时，即便意味着项目经理需要面对更庞大的物流体系和更有难度的沟通，高层也会推动将项目外包给劳动力成本更低的海外市场。而对更为复杂的工作，双方的角色就会出现颠倒，项目经理通常希望聘用一些拥有复杂能力且报价昂贵的承包商指导工作，而高层面对这样的成本则会犹豫不决。

与此同时，如何应对这个流程，取决于一个经理人在公司内部的政治影响力。“有一个团队去年为公司带来了 9 位数的收入，他们拥有一个为他们服务了好几年的独立开发者，”银行的一个技术部门经理告诉比德维尔，“如果他们不想用离岸外包人员，没有人能强迫他们。对话一般会以‘去年你为银行赚了多少钱’结束。”

我怀疑对任何有在大型公司工作，选定过哪些工作外包、哪些交给员工的人来说，比德维尔的研究结论可能站不住脚。当然，过于简化的“把核心竞争力留在内部，外包剩余工作”的说法确实有助于解释这些问题。但科斯和威廉姆森的“只要易于起草合同就可以外包”的说法也能对这些问题做出解释。

这些支持使用外包的理论背后，也存在不利于承包商的信息：这暗示了削减成本是将特定种类的工作移除出公司的主要原因，研究人员在清洁工及保安这些工种上发现的收入及福利受到抑制的现象，同样也会出现在技能需求更高的其他外包工作领域。这也意味着，对于志向远大的人来说，他们只能在别无选择的情况下接受外包工作，获得丰厚报酬、拥有光明未来只存在于传统工作，只存在于大型盈利公司。

但现实世界中，比德维尔观察到的外包现象的背后推动力表明，事实可能没那么简单。也许现实中存在一些外包经济，其中的工作和传统工作一样，能够提供丰厚的报酬和长期发展机会。当然，我们可以在一些让人意外的地方找到创新使用非传统工作方式的有趣案例。其中一家公司，还是早期纯粹出于削减成本考虑而采用外包形式的领头者。

在将工作从直接雇用员工向多种合同外包商转移的问题上，通用电气堪称先锋。回溯至 20 世纪 80 年代杰克・韦尔奇担任 CEO 的时代，当时通用电气堪称创新者，他们将机械僵化的职能工作从公司剥离出去，将信息技术工作外包给印度及其他低收入地区，打破了所有协助通用电气生产的人都能从通用电气获得收入的传统。CIO 杂志曾经这样写道："对于了解他们 IT 外包历史的人来说，通用电气和离岸外包业务基本是同义词。"

这种做法也起到了应有的效果。韦尔奇推动剥离非核心、后勤业务的努力（这些工作通常也由低收入劳动力完成），是他削减成本、着重发展盈利能力和最强业务力的策略最终取得成功的原因之一。毫无疑问，如今的通用电气仍在削减成本的问题上投入了大量精力，特别是经历了灾难般的 2017 财年后。但这种做法的开始具有别样意味。

在韦尔奇时代，通用电气的策略，是将美国的高成本全职工作转移到印度这种低成本地区，这些人做着大体相同的工作，但成本只有美国员工的一小部分。如今，通用电气的关注点不再是为机械僵化的职能工作支付低工资，而更多的是创造能够彻底消除上述职能的科技。与此同时，其内部的商业和技术本质也在发生改变，使得另一种类型的外包合同工变得更令人渴望。通用电气生产的包括喷气式发动机和电动涡轮机在内的产品，其技术复杂性正与日俱增，而制造这些产品的工程团队通常在机器人或人工智能领域需要一些非常先进、非常专门化的帮助，可有时候只是为了解决某个问题，未来工作并不需要那些先进的专门技能。同时在商业领域，通用电气向来是麦肯锡或者贝恩这种费用高昂的咨询公司的大客户，可有时候花大价钱请这些咨询公司回答的问题，换一种方式能够得到更好的答案。假如你准备卖设备给发电厂，需要分析定价策略，相比由一群 MBA 毕业生花 6 个星期确定的方法，也许和一个正在找工作、做过发电厂首席财务官的人签订短期咨询合同更能让你获得有用的方案。

很多公司致力于成为具有市场统治力的平台，希望将自由职业者与有意获得他们服务的公司联系在一起。多亏了互联网，如今我们很容易就能找到拥有合适专业技术背景或过往经验、能够提供短期帮助的人。

2013年，在通用电气金融服务公司（GE Capital）工作多年的戴安·芬克豪森（Dyan Finkhousen）接受了一个任务，试图帮助公司以更系统化的方式利用好各种市场机会。她负责领导一家名叫 GeniusLink 的公司，GeniusLink 提供的平台可以帮助通用电气的经理人接触全球自由职业者人才库，从而更高效地签订外包合同。这个平台已经用众筹的方式解决过高难度技术问题。在这个项目中，来自印度尼西亚的名叫 M. 阿里 · 科尼阿万（M. Arie Kurniawan）的年轻工程师想出办法，将发动机支架的重量减少了 84%。他因此获得了 7 000 美元的报酬。

也许乍听起来有些平淡乏味，可当芬克豪森谈论公司希望如何利用这个人才库时，我们可以清晰地意识到其未来可能带来的重大影响。“想想不再被看作工作的基础单位和全职员工，”她说，“想想单个任务和技能组合的基础单位。”

“我是这么看的，”她说，“想在通用电气成功成为商业领袖，我们需要退后一步，改变我们对自身资源利用方式的思维。首先，在考虑人员前，我们应当思考哪些工作可以数字化，哪些现有技术可以实现这个目标。”也就是说，首先确定想完成的工作能否由机器完成。“其次，我们应当观察剩下的工作，思考哪些可变资源可以用更少的成本，更快地获得更好结果。”这里的“可变资源”指的是各种合同工，意味着可根据需要增加或减少对其的使用。“最后，只有在这时，我们才应该考虑需要使用哪些固定资源，让哪些全职员工加入。”她表示，只有持续工作时间超过一年的工作才需要由全职员工负责。除了最重要、最核心的工作，其他几乎所有工作都可以在外包与全职员工间进行选择。

无论数量还是结构，外包与全职的收入存在显著差别。拥有抢手能力的人，比如拥有高水平软件工程能力，或者拥有丰富的企业管理经验，这些人的时薪可能达到 300 美元或者更多。芬克豪森描述的，并非 20 世纪 90 年代通用电气将工作外包给印度那样，简单地将大量工作转为外包、以少支付报酬的方式减少成本。相反，她描述了更为宏大的概念。在更多的工作变为项目制和任务制的公司里，通用电气只是希望更好地搭配人才的利用和公司需求的变化。考虑到历史上通用电气的管理方法总会在全球范围内得到效仿，比如 20 世纪 90 年代向印度外包业务就是典型案例，我们可以预测，未来职场的很多环节都会出现改变。

这意味着，未来会有更多的工作由多种自由职业者与外包工作者完成。也就是说，拉莫斯担任外包清洁工不一定等于职业生涯走进死胡同。那么在什么情况下、在什么条件下，外包合同工作可以成为有野心、有能力的职场人的完美进阶路？选择这条路需要做出什么交换？一个人又该如何充分利用其优点、同时最大限度地减少其成本？

为了回答这个问题，我找到了一个在这方面取得了平衡的年轻的自由软件工程师，他的经历极有启发性。不过首先，我见到的是他的经纪人。

自由职业者完美进阶的关键

迈克尔·所罗门（Michael Solomon）年轻时发现，有一个行业，可以让他穿着牛仔裤上班，快乐地工作，能和摇滚明星在一起，还能赚到很多钱。作为音乐行业的经理人，他曾指导约翰·迈耶（John Mayer）、瓦妮莎·卡尔顿（Vanessa Carlton）等流行音乐人开启职业生涯。近年来，在线分享形式出现后，曾经利润丰厚的音乐 CD 业务逐渐遭到淘汰。想在音乐行业赚钱的可能性也越来越小了。

2010 年，所罗门的公司与布鲁斯·斯普林斯汀（Bruce Springsteen）及他的管理团队合作，为斯普林斯汀的忠实歌迷设计一款手机软件。聘请自由职业软件开发人员实际制作软件，这个任务落到了所罗门头上。他确定了合适人选，但签订合同时的经历却让他感觉很别扭。“在我看来，他们在谈判过程中缺少一个好的代理人，”所罗门表示，“我们最开始有意压低报价，但他们直接接受了那份报价。我还以为我们会讨价还价一段时间。”所罗门的团队心里很不是滋味，他们认为自己是在利用工程师缺乏谈判技能而剥削他们，最终决定提高报酬。

随着项目推进，工程师们一度陷入沉默，既不提供最新消息，也不回复邮件。事后证明，他们遇到了技术问题，但不想在问题解决前承认遇到了麻烦。

这为所罗门及其搭档里肖·布隆伯格（Rishon Blumberg）带来了灵感，这些自由工程师也用得上他们为音乐人提供的服务。音乐表演人依靠经纪人协商演出报价，由经纪人管理他们的事业，而工程师也需要有人扮演这样的角色。在这个理念的基础上，他们创办了 10x 管理公司（10x Management），专门代理高端技术人才。公司名称源自技术圈内常见的说法，即最好的软件开发人员的价值是普通开发人员的 10 倍。“我们意识到每个行业都存在人才圈子，无论是音乐人、演员，还是运动员，”所罗门表示，“有些时候他们会遭到残酷的剥削，有些时候市场力量会起作用，不管是不是因为经纪人或管理人帮助他们避免被剥削，接着另一方会开始组成工会。但这个行业尚未出现这种现象。”

所罗门的客户遍布世界各地，有人钟爱泰国的海滩，也有很多人曾参与苹果、谷歌和 Facebook 这些知名公司的项目，这些公司聘用他们，一般都是为了解决复杂的技术难题。比如 2018 年初我和所罗门见面时，区块链技术和加密货币正处于高需求期，所以一小部分了解区块链技术的工程师就能从任何考虑推出数字货币或其他相关产品的公司获得丰厚报酬。

所罗门描述了有意聘用他的客户的公司与用传统方式雇用员工的公司之间思维流程的区别。“在创业公司，他们可能觉得花每小时 200 美元请一个自由职业开发人员价格太高，所以他们会雇用全职员工，他们每年有 20 万美元的用人预算，算下来就是时薪 100 美元。可你要找多长时间呢？如果寻找全职员工需要 8 个月，在这 8 个月时间里你少造了多少产品？当你用 20 万美元找到那个人时，他们在公司能停留多长时间？你给了他多少股权？你为他们的工作场地支付了多少租金？带薪休假又会有多大影响？”

全部算下来，在有限合同期内每小时花几百美元请一个优秀的工程师就是一个高性价比的操作了。

可我真正想问所罗门的是，员工如何看待这个等式。在他的客户眼中，这些对传统、收入丰厚的工作有着很多看法的人们究竟如何对待新的工作形式，他们需要做出哪些交换？那些在这种生活中如鱼得水的人，究竟是什么性格特点与抱负，让他们在有机会选择优渥工作时却反而选择了这种以项目为核心的工作方式？为了寻找答案，在几千公里外的犹他州盐湖城一家最好的尼泊尔餐厅，我采访了所罗门的一个客户。

萨姆・布拉泽顿（Sam Brotherton）在佐治亚州一个名叫康耶尔斯（Lonyers）的小镇长大，从小他就对数学有着浓厚兴趣。他的周末用来参加各种数学竞赛，和来自其他学校的队伍比赛解决难题。“我就是个书呆子，”他说，“我的意思是，到现在我还是这样，可我高中时真是个书呆子。”不过这些经历，足以让他进入哈佛大学读书。

上大学时，布拉泽顿并不是很关心未来的职业生涯，可他也需要零花钱。于是他应聘了一家小型市场研究咨询公司的兼职，他很快发现，如果能掌握一些更复杂的编程技能，自己的市场价值也会提高。布拉泽顿自学了编程语言 Python，很快，他就靠兼职赚到了不少钱，引来了很多大学生的羡慕。“假如在图书馆工作一小时能挣 15 美元，但学点计算机编程，一小时就能挣 75 美元，我肯定选后者。”他说。2012 年大学毕业后，布拉泽顿搬到洛杉矶，后来成为他妻子的人当时在那里读研究生。布拉泽顿很快在匿名通信软件 Whisper 找到了数据科学家的工作，成为公司最早的一批员工。在那里工作一年后，他发现创业公司并不适合自己。他希望自己的生活更有条理，也希望周末能去攀岩，而不是去工作和社交，而后者正是类似 Whisper 这种在发展初期成员关系紧密的小公司里的常见现象。于是他申请了谷歌的一份工作，由于拥有机器学习这一热门领域的工作背景，位于洛杉矶的自然语言处理团队很快决定聘用他。

在布拉泽顿看来，谷歌的“工程师天堂”绝非虚名。免费又美味的食物和其他福利众所周知，相对较高的收入和良好的工作保障也声名远扬。可对有心成为顶级工程师的人来说，谷歌的最大吸引力在于，你可以从周围人身上学到很多。“他们确实存在工程师主导的企业文化，甚至聘用成千上万个聪明人，放手让他们做几乎任何想做的事，创造出了谷歌搜索、Gmail 和谷歌地图，”布拉泽顿说，“当然也有很多失败，但对工程师来说，那是个美好的地方。”

从技术角度，布拉泽顿学到了很多。他在谷歌的知识图谱部门（Knowledge Graph）工作，这个部门对世界上的知识进行结构性复制，让谷歌的产品能够在用户输入类似“下一趟飞往纽约的航班是几点”或者“莫桑比克首都是哪里”这些问题时做出准确回答。不过布拉泽顿最受益的地方还是了解了顶级公司中的团队如何进行合作。“类似如何对待同事、如何激励别人这些基础性能力，是独立工作时完全学不到的东西，只有成为一个团队的成员后你才能学到这些。管理不一定是坏事，不一定是权威人士让你去做什么，管理可能是有人赋予你做事的力量，推动你去做该做的事，同时移除前进路上的障碍。可以说，我在那里工作时，真正实现了这种能力的内化。”

听布拉泽顿描述在谷歌工作时的种种美好，我有些糊涂了。既然如此，为什么他会放弃世界顶级公司里待遇优厚的工作，离开他尊重的上司，成为随时待业的自由软件工程师？

其中部分原因在于地理位置和生活方式。布拉泽顿和妻子住在卡尔弗城（Culver City），这里距离谷歌在威尼斯海滩的办公室只有 10 公里左右，但开车有时需要 45 分钟，通勤让他倍感折磨。布拉泽顿希望在小镇生活，特别是夫妻俩打算要孩子后（两人的第一个孩子在 2018 年出生）。

布拉泽顿也逐渐意识到在大型公司发展的局限，他不想成为公司的高管，因为这意味着牺牲生活质量。"我开始感到无聊了，"他说，"因为你身在这个科技乌托邦，你可以做任何想做的事，但也不会像在其他重视每个项目的公司里工作那样，有一种朝着目标前进的感觉。"

尽管如此，放弃这样一份安稳的工作，选择未知，仍会让人感到恐惧。辞职前，布拉泽顿利用自己在洛杉矶科技界的人脉率先敲定了几个工作承包合同。2016 年初，他在盐湖城买了栋房子，在谷歌工作了不到两年，他就向上司递交了辞呈，放弃了很多人梦想中的工作。

在接下来的两年里，布拉泽顿为所罗门的公司工作，后者为他搭建起了更多与潜在客户连接的桥梁。当布拉泽顿第一次独立接下工作时，他希望对方公司开出 150 美元的时薪。可身为优秀的经纪人，所罗门把他的报价提高到 250 美元一小时，而且出面解决了客户延迟付款的麻烦。布拉泽顿接手的项目各不相同。其中一个特别有趣的是与 I.am+ 的合作，I.am+ 是一个高端耳机及其他音乐硬件制造商，由流行音乐组合黑眼豆豆的成员 Will.i.am 创建。布拉泽顿负责设计能让耳机听懂语音指令的软件，这个软件后来授权给了德国电信公司，应用在客户服务聊天机器人上。

选择这种高端项目型工作方式，布拉泽顿究竟做出了什么交换？他对这个问题有着深入的思考。

布拉泽顿最在意的就是自由度，他可以选择工作内容和工作时间。他充分利用了盐湖城附近的优质滑雪场，2017 年到 2018 年冬天，他一共滑了 40 次雪。如果留在大型公司，有规律地上班开会，他显然享受不到这些乐趣。

相对而言，有时他也会怀念办公室的工作节奏。尽管经常需要和其他人合作，包括其他保持着松散职业联系的合同程序员，但布拉泽顿的大部分工作由他自己独立完成。描述如何成为可独立发展的合同制工程师时，所罗门的话有些自相矛盾。成功的承包商需要足够外向，可以应对各类客户，但又不能过于外向，不能因为缺少标准办公环境中的社交因素而感到孤单。

“如果你真的渴望进入一个团队，被其他人包围，需要持续的反馈或者认可，那我觉得这不适合你。”所罗门表示。反过来，如果你是彻底的隐居者，那也不合适。“你确实需要拥有优秀的软技能。你不是只需要缩在家里，和另一个工程师交流，你需要面对客户，后者可能是能听懂你的话的技术总监或工程师，也可能是需要依靠你的非技术人员。出现错误时，你需要有足够的底气做出反抗。”由于对编程能力的高度需求，大公司可以接受能力出众、但不喜欢社交的工程技术人员。

想要走通这条职业道路，你必须喜欢独处，这样才不会过于怀念办公室生活；但又不能过于喜欢独处，否则无法与客户成功交流。

选择合同制工作另一个值得关注的平衡点或者说牺牲在于，这样的工作不会让人们产生身为顶尖公司员工所具有的目的感和身份认同。布拉泽顿开玩笑地提到，毕业 5 年后参加哈佛大学同学会时，当他说自己做合同制工程工作时，其他人茫然地盯着他，暗地里揣测那是不是“我失业了”的委婉说法。尽管布拉泽顿不是那种在乎名声和地位的人，可他也承认，那次同学会后他也在思考是否有必要以远程工作的方式成为知名公司的员工。

此外，合同制工作不能为人们提供进入管理层的晋升机会。如果渴望有朝一日掌管大型公司，只有管理规模越来越大的团队才能让你无限接近这个目标。而签订 3 个月项目合同，即便参与的是非常重要的项目，也不可能帮助你实现这个目标。从根本上说，布拉泽顿需要从显赫公司获得收入以外的身份认同和自我价值，比如家庭、休闲娱乐活动和解决高难度技术问题为他带来的内心满足等。但这并不适合所有人。

当然，收入报酬也是不容小视的问题。布拉泽顿说他挣到的钱比在谷歌工作时还多，但也面临更大的风险。不难想象，下一次经济衰退时，谷歌可能不会解雇经验丰富技术高超的工程师，但对合同制工作的需求可能会迅速萎缩。所以布拉泽顿表示，他会比做全职员工时更注重积蓄。

布拉泽顿和所罗门都提到，对比传统工作和自由职业，重要的是准确计算两者的收入。雇主愿意在健康保险上补贴多少？雇主为你的养老金做出了多少贡献？你对带薪休假、病假和产假是否进行了合理计算？选择自由职业还有不可避免的开支：布拉泽顿必须自费购买电脑和软件，需要花钱聘请会计师处理复杂的税务问题，所罗门的事务所也会收取佣金。实际上，自由职业者的毛收入必须显著高于对等的传统职业，这样两者在经济上才能实现基本平衡。而能否做出精准计算，责任完全由选择自由职业的人承担。

最后，传统雇用形式还存在一些难以衡量的好处，因为有意成为自由职业者的人尤其需要谨慎思考。成为一家成熟公司的员工，你有机会在新发展方向上获取更多经验并拓展个人能力。本书前面提到的所有成为帕累托最优型员工的建议，显然在成为公司雇员时更容易实现。你在工作中获得的经验和能力，也是工作提供的一种报酬形式。比如，如果你是一家公司里优秀的工程师，你可能会被指派处理略超能力范围的其他专业领域的项目。公司可能鼓励你与负责销售、财务和新产品市场营销的同事互动，这样的经历可能为你铺就进入高级管理层的道路。就是在职业生涯中不断累积这样的经验，我们才能成长为更合格的员工。

可在合同制工作上，公司只愿意聘请已经证明过自己、有能力解决问题的人。他们没有动力为合同承包商的长期发展投资，他们不关心你能否成为帕累托最优型承包商，只关心自己能否培养出帕累托最优型员工。所以一切责任落在了布拉泽顿这类人的身上，他们需要自学最先进的技术，不断培养新的能力。布拉泽顿采用的一个方法，就是根据新工作能让自己获得哪些提升个人长期价值的技能来精心选择适合自己的工作。讽刺的是，布拉泽顿表示，科技自由职业者界有太多人认为，这种工作形式意味着使用古老、过时的技术获得的报酬会高于使用最新、最先进的技术。

结束与布拉泽顿的晚餐回到酒店后，我想了想埃文斯和拉莫斯的故事。尽管合同制和外包确实可以成为削减成本的工具，并且在这个过程中让工人只能接受不甚圆满的机会，但很显然，这绝不是终点。读完马修·比德维尔的研究，了解公司为什么外包一部分工作而留下另一部分工作；再和通用电气的戴安·芬克豪森进行交流，了解众筹和其他替代型工作模式如何融入公司未来发展；又与所罗门及布拉泽顿进行讨论，了解现实中成为科技自由职业者需要做出哪些权衡，最后我终于理出了一个共同主线。

当你在职业发展道路上考虑是否成为自由职业者时，一切都需要视具体情况而定。这个机会的本质究竟是什么？这家公司为什么决定外包这份工作？这份工作匹配你的性格和志向吗？你是否合理计算了报酬的真正价值，并且扣减了身份认同、学习机会等其他无法获得的价值？如果答案是肯定的，那就大胆成为自由职业者吧。

将合同制纳入职业生涯的必要性

上一个时代，商业世界面对的最大挑战之一就是全职员工式微、自由职业者和合同制员工的使用越来越普遍。

合同制工作是否具有吸引力、是否具有高收入潜力，很大程度上取决于公司决定外包某个工作的原因。

出现工作外包现象的原因之一，可能是让公司有精力集中关注自身核心竞争力。但外包非核心工作的一个副作用，就是更有可能对价格产生下行影响，意味着做这些工作的人收入更低。

但在实践中，公司决定外包的原因多种多样，其中一些目的并非尽全力削减成本，而是因为内部官僚主义，或是存在速度和灵活性需求。

这种情况下，只要拥有合适的性格、技能，有成为自由职业者的志向，合同制工作就可以成为收入丰厚、让人快乐的职业生涯的组成部分。

- 你需要容忍风险，能够主动工作，以便追上专业领域的最新技术与运营发展。
- 你需要从具有知名度的大公司以外的地方获取自身价值和身份认同。
- 你需要拥有足够的社交能力，能够直接与客户互动；同时又要愿意在大部分时间独自工作，不陷于办公室文化的包围之中。
- 你需要理解并认同不存在通过管理庞大团队成为高管的现实。
- 你需要具备足够的组织性和纪律性，做好会计工作，准确计算社保、工作设备等支出。

HOW TO WIN

IN A WINNER-TAKE-ALL WORLD

结语
黄金 25 万个小时，成为不可替代的那个人

读到现在，我相信读者已经了解了本书的核心理念：经济环境的发展越来越向拥有先进数字技术的大型全球化公司倾斜；想在这样一个世界取得成功，志向远大的人必须懂得如何将不同的专业技能结合在一起；实现这个目标的最佳方式，就是拥有一个相对曲折的职业生涯，想办法接触多种专业技能。在前 9 章里，我探讨了哪些力量制造了这种经济大环境，也讨论了面对这些改变，一个深思熟虑的人怎么做才最有可能取得成功。

不过我们有必要退后一步，提出这样一个问题："成功"到底是什么？

为本书确定书名时，我很认真地进行了思考，有意选择了比较含糊的表达方式。构思这本书的早期阶段，我考虑的是写一份如何在现代经济环境下获得报酬、一个人需要什么能力才能获得收入的指南。可是越思考，我就越觉得这个主题过于狭窄。毫无疑问，在一部分人看来，最大限度提高收入、成为有钱人就意味着"赢"，可并非所有人都把乘坐私人飞机、拥有巨大的度假屋看作职业生涯的基本目标，有些人的满足感可能源自构建帝国，比如运营大型公司。[①] 当然，对于其他人来说，成功职业生涯的定义

① 尽管开疆拓土和最大化收益这两个目标看起来是一致的，但现实中更常见的情况是这二者互不相关。诚然，大公司的 CEO 很可能在过程中成为有钱人，但现实中也有人运营着大型机构但收入没那么高，比如运营非营利机构或政府部门的人。另外，也存在没有真正管理很多人但又获得高额收入的人，比如顶尖对冲基金交易者或高级工程师。

可能没那么复杂：比如只是有认真做好工作的能力；获得足够的报酬能够过上舒适的生活；有足够的空闲时间享受更多休闲生活。我们在前文提到的萨姆·布拉泽顿就是这一类人的代表。

把“步步争先”作为书名，是因为“争先”对所有主体来说都是一个足够主观的概念。无论是希望成为高级管理人员，还是有着不同的目标，我们在前 9 章探讨的内容都能对你起到帮助作用。在构思这本书的初期，当我和一个名叫尼克·洛夫格罗夫（Nick lovegrove）的人坐下来交流时，这些想法逐渐在我脑中清晰起来。

扩大风箱

1982 年，年轻的洛夫格罗夫以咨询师的身份加入麦肯锡咨询公司，当时公司的伦敦办公室是一个闲散机构，办公室位于圣詹姆斯宫附近的梅菲尔高档社区中一家高级、老派的男士俱乐部旁。初入职场，洛夫格罗夫经历了不少曲折。20 世纪 90 年代，当整个行业陷入混乱时，洛夫格罗夫已经成为欧洲媒体战略策略的顶级咨询师。21 世纪初，他曾担任英国首相托尼·布莱尔的政策顾问，接下来 6 年时间，他成为麦肯锡公司华盛顿办公室的主管。职业生涯晚期，他又分别在奥尔布赖特石桥集团（Albright Stonbridge）和博然思维咨询公司（Brunswick）做过公共关系方面的工作。之所以和他见面，是因为他正在写《马赛克原理》（*The Mosaic Principle*），这本书的主题和我这本书有所重合。

我们探讨了企业界专门型人才和复合型人才之间固有的紧张关系，也就是现代商业社会复杂的技术环境开始要求人们拥有更为深入的专门化知识。而与此矛盾的是，这种变化也为那些能够将线索串联起来、在不同专业间找到联系、会说多种专业语言并为不同群体翻译的人提供了更高回报。谈到成功职业生涯的不同阶段时，洛夫格罗夫拿可以控制吹向火苗的风量的风箱进行类比。

“在职业生涯中，总有一些时间你需要推动风箱，集中注意力，因为你真的需要在某些事情上变得更聪明，”他表示，“还有些时候你只想放松，放下种种限制。”

21 世纪的最初几年，当洛夫格罗夫逐渐在媒体行业咨询界打出名声时，他所服务的这个行业却陷入了巨大危机。“媒体工作枯竭了，互联网出现泡沫，但繁荣与萧条的变化却打乱了商业模式。人们都没钱了，他们的手头都很紧张，所以你心里会想：‘我懂的东西，现在没有任何商业价值。’在咨询界，如果你关注的是过时的、没有需求的业务，你就需要扩大自身的业务范围，这才是最难办的地方。缩小其实相对简单，那就好比选择一个特定的主体，选择一个专业，一旦选定，你只需要在尽可能长的时间里做这件事就可以了。而扩大更难，这是因为你需要找到一个挂钩，或者说能让自己进步的连接点。”

在洛夫格罗夫的案例中，他找到的连接点，就是媒体行业核心竞争中的政策问题，即政府对电信及广播部门的管制。洛夫格罗夫重新调整自身定位，让自己成为公共政策与商业交汇领域的专家，他因此进入英国政府，随后又得到了前往美国华盛顿工作的机会。

洛夫格罗夫表示，自我改造能力是那些拥有长期、美满职业生涯与那些职业发展陷入停滞的人之间的区别之一。“在咨询公司里，如果不再需要某类服务，你可以选择改造自己，重新启动，或者选择离开，找一份新工作。重启这种说法很常见，我后来在麦肯锡的评估委员会工作了很长时间，我们经常会问一个人是否拥有重启的能力。他们在过去重启过吗？他们是否证明过自己具备改变关注点的能力？现在我意识到，我们实际上是在问，他们是否拥有足够宽的缓冲，在穷尽个人专业能力时还有可以依靠的其他东西吗？”

而这就是洛夫格罗夫的风箱比喻和本书第一部分的一些概念出现重合的地方。想要拥有成功的职业生涯，也就是将长度、经济上的成功与智慧上的投入及目的感整合在一起的职业生涯，就需要拥有不断拓展自己的能力、不断在关键点做出正确选择的能力，以及将在工作上获得的技能应用到新环境中的能力。这是换了一种说法来描述本书第三章中描述的曲折职业道路。而这才是成为帕累托最优型员工，或者对拥有管理抱负的人来说，成为帕累托最优型高管的最优选择。

“我越是反思越会发现，自我进入职业以来，也就是过去约 30 年，商业界的改变，比在那之前的 30 年，或者人类历史上任何时间段的改变都要显著，”洛夫格罗夫表示，“因为计算机的发展和全球化的出现，这是一个变革时代。而这意味着，在这段时间里能够取得成功的人，都善于应用这种变革。这些人很可能具有国际化思维，他们能够应对复杂问题，而且很可能在职业发展过程中进行过重大调整。他们不太可能只局限于做一种工作。”

洛夫格罗夫早已将这个理念延伸到了职业建议以外的领域。他认为这种管理职业生涯的方法，与如何拥有美满人生这一更重大的问题具有紧密联系。他强调，一个人应当拥有极强的道德感，应当与其他人建立深厚联系，还应当培养更广泛的兴趣爱好。

听着洛夫格罗夫对上述概念不断进行延伸，我开始担心这本书可能选择了过于狭隘的角度关注职业生涯管理活动。不管怎么说，如果本书的目的在于探讨在现代经济环境中如何“赢”，而且从定义上不局限于赢得更多权力和金钱，那么，如何让帕累托最优的概念以及对经济大背景的理解跳出获得好工作这个狭隘的目的而应用到我们的人生中呢？

答案就在一些简单的计算中。

帕累托最优型人生

至少在美国，一个人一般在 22 岁时才会结束大学教育。另外，人们一般在 65 岁退休。当然，职业生涯开始和结束这两端都存在很多变量，很多人会在不同年龄开始或结束职业生涯。但在最典型的情况下，从大学毕业典礼到举行退休派对，一个人要度过 43 年时间。

43 年，也就是大约 15 706 天，这包括每 4 年一次的闰年。闰年时 2 月会多出一天，不要忘记闰日。

假设每天的睡眠时间为 8 小时，那么我们一天就有 16 个小时是醒着的状态。用 16 乘职业生涯的天数，那么一个成年人的黄金工作年限实际上大约是 251 292 小时。简化起见，我们就以 25 万个小时计算。

在这 25 万个小时里，一个职场人会经历每一场无聊的会议、每一个令人激动的发现、每一笔成功的推销和每一次让人灵魂遭受重创的失望。但这并不是全部。这 25 万个小时里也包括每一个与未来伴侣约会的夜晚、每一个看着自己最爱的球队输掉重大比赛的下午、每一次观看子女在学校的演出，以及每一个在沙发上午睡的星期日下午。

描述帕累托最优型职业生涯的概念时，我们讨论了如何设定目标成为高效的人，如何获得所在专业需要的混合技能。你可能不是世界上最优秀的企业战略设计师，也不是最优秀的软件工程师，可就像利布林说的那样，只要你比软件工程师更懂企业战略，并且比企业战略设计师更懂软件工程，你就拥有光明的未来。

帕累托最优这个理念，实际上就是限制对某一事物进行最大限度的提高。但这里有一个问题：职业生涯要面对的这 25 万个小时，才是最大、最有影响力的制约因素。

任何人的目标都不可能是只在某一个方面做到尽善尽美，比如赚到最多的钱、拥有最显赫的头衔或者管理最多的下属。唯一能够比较合理地对待职业生涯的方式，就是前述的利布林式说法，即对比人生目标中的不同元素，这是最优化的选择。你的职业生涯，目标不该只是赚钱，而是在成为优秀的家长和伴侣的同时赚到最多的钱。你的重点也不该只是获得最大的管理权限，而是在一家能让自己感到骄傲、获得满足感的机构内拥有最大的管理权限。

采访本书中出场的人物时，职业晋升与深层次人生问题发生碰撞的频率，一次又一次给我留下了深刻印象。我和书中人物进行的大量对话，都与权衡职业生涯及感情关系或孩子出生后身为家长的经济责任有关。职业选择并非发生在真空中，我们不是为了获得特定奖励执行特定任务的机器人。一个人的职业生涯，就是如何用好 25 万个小时里的大部分时间，而所有人的目标，都应该是在追求人生中最重要目标的同时尽量获得最大限度的回报。

这就回到了本书“赢”的主题，不管这个主题包含多少层内涵，但绝不是“赚到更多的钱”或“成为世界 500 强公司的 CEO”这么简单。当然，不要搞错了，成功成为亿万富翁或者商业界最高级别高管的人肯定做出了不同寻常的选择，相比大多数人，他们让自己的人生得到了最大限度的优化。不论他们是否牺牲了陪伴家人、休闲、睡觉或者上述所有活动的时间，他们对 25 万个小时的使用肯定与一般职场人存在区别。只要他们谨慎做出了选择，明确知道为了这个目标做出了哪些权衡和牺牲，那么这种做法就毫无问题。

21 世纪的经济环境发生了重大变化，使得我们的祖父母面对如今的职场时会感到陌生与茫然。这些改变，以及这些改变对职场人生的影响，才是本书关注的重点。可即便身边的科技和竞争环境发生了改变，25 万个小时的硬性限制却不会随之改变。在赢家通吃的世界里，究竟什么意味着“赢”？“赢”就是深思熟虑，做出一系列选择，确保自己在 25 万个小时过后回顾自己在工作和休闲、金钱和个人满足感等方面做出的权衡与牺牲时，对自己的选择感到满意。

在引言里，我说现代经济就像宽广且有着暴风骤雨的大海，管理着职业生涯的我们就像驾驶着一艘小船，被不受自己控制的力量抛来抛去。可如果了解风向和潮流，我们就能更好地做出应对，而“风向”和“潮流”就是本书希望为读者提供的工具。也许大海并不平静，可了解即将面对的挑战，至少有备无患。

愿你一帆风顺。

如何确保事业成功与人生目标保持一致

这本书的目的，是希望帮助读者在职场上取得成功。

不过，我们有必要从宽泛的角度思考成功这个问题。

一般来说，一个成年人在完成教育到退休之间拥有25万个小时的工作时间。我们的真正目标，应当是最大限度地优化人生的不同环节，不论在职场、家庭还是个人兴趣爱好上，都要想办法让自己获得最大的满足。

帕累托最优的概念适用范围很广，不应局限于为了拥有成功的职业生涯而获取不同专业技能。

未来，属于终身学习者

我这辈子遇到的聪明人（来自各行各业的聪明人）没有不每天阅读的——没有，一个都没有。巴菲特读书之多，我读书之多，可能会让你感到吃惊。孩子们都笑话我。他们觉得我是一本长了两条腿的书。

——查理·芒格

互联网改变了信息连接的方式；指数型技术在迅速颠覆着现有的商业世界；人工智能已经开始抢占人类的工作岗位……

未来，到底需要什么样的人才？

改变命运唯一的策略是你要变成终身学习者。未来世界将不再需要单一的技能型人才，而是需要具备完善的知识结构、极强逻辑思考力和高感知力的复合型人才。优秀的人往往通过阅读建立足够强大的抽象思维能力，获得异于众人的思考和整合能力。未来，将属于终身学习者！而阅读必定和终身学习形影不离。

很多人读书，追求的是干货，寻求的是立刻行之有效的解决方案。其实这是一种留在舒适区的阅读方法。在这个充满不确定性的年代，答案不会简单地出现在书里，因为生活根本就没有标准确切的答案，你也不能期望过去的经验能解决未来的问题。

而真正的阅读，应该在书中与智者同行思考，借他们的视角看到世界的多元性，提出比答案更重要的好问题，在不确定的时代中领先起跑。

湛庐阅读 App：与最聪明的人共同进化

有人常常把成本支出的焦点放在书价上，把读完一本书当作阅读的终结。其实不然。

时间是读者付出的最大阅读成本

怎么读是读者面临的最大阅读障碍

“读书破万卷”不仅仅在“万”，更重要的是在“破”！

现在，我们构建了全新的“湛庐阅读”App。它将成为你“破万卷”的新居所。在这里：

- 不用考虑读什么，你可以便捷找到纸书、电子书、有声书和各种声音产品；
- 你可以学会怎么读，你将发现集泛读、通读、精读于一体的阅读解决方案；
- 你会与作者、译者、专家、推荐人和阅读教练相遇，他们是优质思想的发源地；
- 你会与优秀的读者和终身学习者为伍，他们对阅读和学习有着持久的热情和源源不绝的内驱力。

下载湛庐阅读 App，
坚持亲自阅读，
有声书、电子书、阅读服务，
一站获得。

CHEERS

本书阅读资料包

给你便捷、高效、全面的阅读体验

本书参考资料

湛庐独家策划

- 参考文献
  为了环保、节约纸张，部分图书的参考文献以电子版方式提供
- 主题书单
  编辑精心推荐的延伸阅读书单，助你开启主题式阅读
- 图片资料
  提供部分图片的高清彩色原版大图，方便保存和分享

相关阅读服务

终身学习者必备

- 电子书
  便捷、高效，方便检索，易于携带，随时更新
- 有声书
  保护视力，随时随地，有温度、有情感地听本书
- 精读班
  2~4周，最懂这本书的人带你读完、读懂、读透这本好书
- 课　程
  课程权威专家给你开书单，带你快速浏览一个领域的知识概貌
- 讲　书
  30分钟，大咖给你讲本书，让你挑书不费劲

湛庐编辑为你独家呈现
助你更好获得书里和书外的思想和智慧，请扫码查收！

（阅读资料包的内容因书而异，最终以湛庐阅读App页面为准）

图书在版编目（CIP）数据

步步争先 /（美）尼尔·欧文（Neil Irwin）著；傅婧瑛译. -- 杭州：浙江教育出版社，2022.10
ISBN 978-7-5722-4409-4

Ⅰ. ①步… Ⅱ. ①尼… ②傅… Ⅲ. ①成功心理－通俗读物 Ⅳ. ①B848.4-49

中国版本图书馆CIP数据核字(2022)第190094号

浙江省版权局
著作权合同登记号
图字:11-2020-310号

上架指导：个人成长

步步争先
BUBU ZHENGXIAN
［美］尼尔·欧文（Neil Irwin）著
傅婧瑛　译

责任编辑：李　剑
文字编辑：刘亦璇
美术编辑：韩　波
责任校对：傅　越
责任印务：陈　沁
封面设计：ablackcover.com
出版发行：浙江教育出版社（杭州市天目山路 40 号　电话：0571-85170300-80928）
印　　刷：唐山富达印务有限公司
开　　本：710mm ×965mm 1/16　　**插　　页：**1
印　　张：18.50　　**字　　数：**245 千字
版　　次：2022 年 10 月第 1 版　　**印　　次：**2022 年 10 月第 1 次印刷
书　　号：ISBN 978-7-5722-4409-4　　**定　　价：**89.90 元

如发现印装质量问题，影响阅读，请致电 010-56676359 联系调换。